动物王国
植物世界

车艳青 / 编著

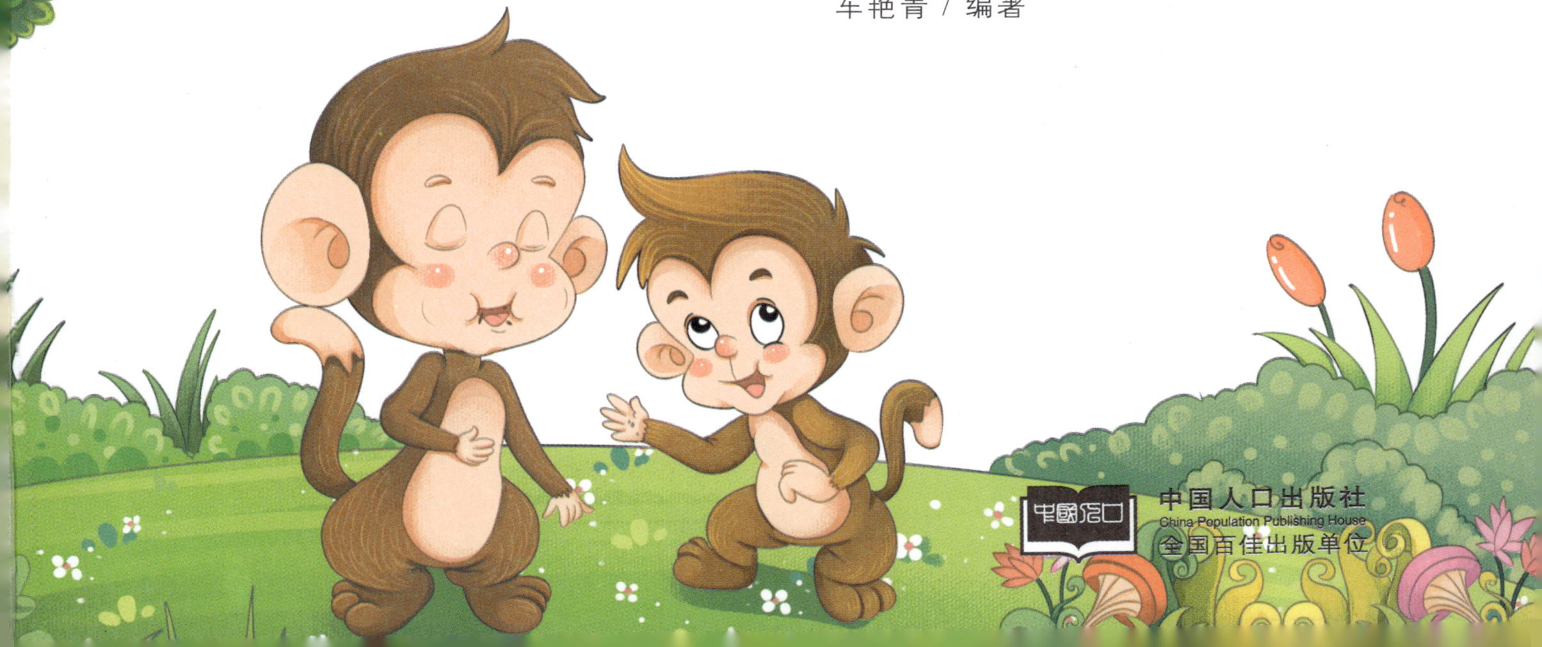

中国人口出版社
China Population Publishing House
全国百佳出版单位

图书在版编目(CIP)数据
动物王国·植物世界 / 车艳青编著. -- 北京：中国人口出版社, 2017.1
(孩子们都想知道的为什么)
ISBN 978-7-5101-3897-3

Ⅰ. ①动… Ⅱ. ①车… Ⅲ. ①动物－少儿读物②植物－少儿读物 Ⅳ. ①Q95-49②Q94-49

中国版本图书馆 CIP 数据核字(2015)第 275714 号

孩子们都想知道的为什么

动物王国·植物世界

出版发行　中国人口出版社
印　　刷　北京威远印刷有限公司
开　　本　889 毫米 × 1194 毫米　1/24
印　　张　6
字　　数　125 千字
版　　次　2017 年 1 月第 1 版
印　　次　2017 年 1 月第 1 次印刷
书　　号　ISBN 978-7-5101-3897-3
定　　价　24.80 元

社　　长　邱　立
网　　址　www.rkcbs.net
电子信箱　rkcbs@126.com
总编室电话　(010)83519392
发行部电话　(010)83514662
传　　真　(010)83519401
地　　址　北京市西城区广安门南街 80 号中加大厦
邮　　编　100054

前言

FOREWORD

我们都经历过童年时代，那是一个充满各种疑问的特殊时期。对身边的任何事物都感到好奇，想弄个明白。回想童年，我们都会有这样的记忆：整日围绕在父母膝下问个不停，企图从父母口中得知关于身边世界里发现问题的所有答案，可是父母不是百科全书。随着年龄的增长，小朋友们终于有能力自己从书中去发掘诸多“为什么”了。这么多的“为什么”强烈地吸引着他们去思考、探索。所以，科学地解答这些“为什么”，既可解开小朋友心中的种种疑问，又可激发他们的求知欲，从而为他们将来的学习打下良好的基础。这正是我们编写这套《孩子们都想知道的为什么》的初衷。

这是一套适合小朋友们阅读的科普读物，内容包罗万象，涉及动物、植物、生活、科技、宇宙、人体、环境等各个方面；内容生动活泼，配有精美有趣的图画，溶科学性和启发性于一炉，这些内容可以满足小朋友的求知欲望，通过简洁明了的文字和丰富多彩的图画，把一些科学知识描绘得通俗易懂，充满情趣。是一套不可多得的“问题解答大全”“科普知识大全”。

我们试图通过这套丛书，让读者小朋友们感受到从疑问，到思考，到最终正确解答，是一件多么令人愉快的事情，是一次享受乐趣的过程，而不是一种苦恼。

编　者

动物王国

目录
CONTENTS

植物世界

目录
CONTENTS

动物王国

为什么鸟儿不迷失方向

我们知道大雁、燕子等都是候鸟，那么，为什么它们南来北往，飞行几千里却不会迷失方向？

这个问题，科学家已作了许多研究。太阳是鸟儿飞行的天然指南针。白天，许多鸟儿靠太阳的方位确定方向，晚上便靠星星和月亮。

在爱沙尼亚，人们把银

hé jiào zuò niǎo de hé yīn wèi yǒu
河叫做“鸟的河”，因为有
xiē niǎo er zài yè jiān fēi xíng shí bù mí
些鸟儿在夜间飞行时不迷
shī fāng xiàng kào de jiù shì shǎn shǎn fā
失方向，靠的就是闪闪发
guāng de yín hé yǒu de niǎo xiàng gē zi děng néng gēn
光的银河。有的鸟，像鸽子等，能根
jù cí chǎng lái pàn dìng fāng xiàng dì shang de sēn lín shān
据磁场来判定方向。地上的森林、山
chuān cì shēng bō děng yě néng bāng zhù niǎo er shí bié fāng xiàng
川、次声波等也能帮助鸟儿识别方向。

guān yú hòu niǎo de qiān xǐ hái yǒu xǔ duō ào mì
关于候鸟的迁徙还有许多奥秘，
kē xué jiā men zhì jīn hái zài yán jiū zhōng
科学家们至今还在研究中。

知识加油站

很多鸟类具有沿纬度季节迁移的特性，夏天在纬度较高的温带地区繁殖，冬天则在纬度较低的热带地区过冬。这些随季节变化而南北迁移的鸟类称为候鸟。

qǐ é bú pà lěng ma
企鹅不怕冷吗

zài bīng tiān xuě dì de nán jí zuì dī qì wēn
在冰天雪地的南极，最低气温
jiē jìn líng xià yì bǎi shè shì dù lìng rén lèi wàng ér
接近零下一百摄氏度，令人类望而
shēng wèi kě shì zhè lǐ què shēng huó zhe yì qún bái
生畏。可是，这里却生活着一群白
dù pí hēi wài tào de qǐ é nán dào
肚皮黑外套的企鹅。难道
qǐ é bú pà lěng ma
企鹅不怕冷吗？

shì de zhè shì yīn wèi qǐ é
是的。这是因为企鹅
shēnshangzhǎngmǎn le yòu mì yòu xì de yǔ
身上长满了又密又细的羽
máo lián shuǐ dōu jìn bú tòu yǔ máo xià
毛，连水都浸不透，羽毛下

面还长有密密的绒毛，就像穿着羊绒袄和羽绒大衣一样，既不怕水也不怕冷。

不仅如此，企鹅还很胖，厚厚的脂肪也能起到特别好的保温作用，使它们看起来像不畏严寒的英雄。

动动小脑筋？

问：南极的最低气温是多少摄氏度？

答：零下一百摄氏度。

知识加油站

企鹅是不会飞的鸟类。但根据化石显示的资料，最早的企鹅是能够飞的！直到65万年前，它们的翅膀才慢慢演化成能够下水游泳的鳍肢，成为目前我们所看到的样子。

gē zi wèi shén me bù mí lù
鸽子为什么不迷路

gē zi shì yì zhǒng fēi fán de niǎo bù
鸽子是一种非凡的鸟，不
jǐn xiàngzhēng hé píng ér qiě hái yǒu tè yì gōng
仅象征和平，而且还有特异功
néng wú lùn fēi dào tiān yá hǎi jiǎo dōu néngzhǔn
能，无论飞到天涯海角，都能准
què de fǎn huí zì jǐ de shǐ fā dì yīn cǐ hěn
确地返回自己的始发地，因此很
zǎo jiù bèi rén yòng lái chuán dì xìn xī
早就被人用来传递信息。

gē zi xiōng jī fā dá fēi xiángnéng lì hěn qiáng ér qiě
鸽子胸肌发达，飞翔能力很强，而且
yǒu jīng rén de zì wǒ dǎo hángnéng lì zhè zhǒngnéng lì chú le
有惊人的自我导航能力。这种能力除了
yīn wèi shì lì chāo
因为视力超

群外，还源自体内的“生物钟”：晴天时能根据太阳的方位来校正和选择方向；阴雨天时能依靠地球的磁场“导航”。

动动小脑筋？

问：鸽子有惊人的自我导航能力吗？

答：是的。

滑铁卢战役的结果就是由信鸽传送出去的。在今天，人类还利用鸽子进行隐蔽通讯，海上航行利用它与陆上联系等。

wèi shén me dān dǐng hè zǒng yòng yì tiáo tuǐ zhàn zhe

为什么丹顶鹤总用一条腿站着

wǒ men tōng cháng kàn dào dān dǐng hè de shí hou tā men yì bān zhǐ shì yòng yì tiáo tuǐ zhàn lì huò zhě shì zài zhǎo zé dì yǐ jí hé àn biān zhàn zhe yuán lái tā men shì zài xiū xi yì bān de yóu qín yǐ jí ōu lèi quán dōu yǒu zhè zhǒng yì tiáo tuǐ zhàn

我们通常看到丹顶鹤的时候，它们一般只是用一条腿站立，或者是在沼泽地以及河岸边站着。原来它们是在休息，一般的游禽以及鸥类全都有这种一条腿站

动动小脑筋？

问：丹顶鹤用一条腿站着是在休息吗？

答：是的。

lì xiū xi de xí guàn dāng tā
立休息的习惯，当它
de yì zhī jiǎo pí juàn shí jiù
的一只脚疲倦时，就
huì huàn lìng yì zhī jiǎo zhè yàng
会换另一只脚，这样
kě yǐ yǎng jīng xù ruì tā
可以养精蓄锐。它
men xún zhǎo shí wù de shí hou
们寻找食物的时候，
què yì zhí shì liǎng zhī jiǎo dōu zháo dì
却一直是两只脚都着地。

lìng wài yì zhī jiǎo zhàn lì huì bǐ liǎng zhī jiǎo zhàn
另外，一只脚站立会比两只脚站
lì néng gòu kàn de gèng yuǎn zhè yàng tā men yě kě yǐ jí
立能够看得更远，这样它们也可以及
shí fáng bèi dí hài de tū rán xí jī
时防备敌害的突然袭击。

知识加油站

丹顶鹤的栖息地是沼泽和沼泽化的草甸。丹顶鹤的食物主要是浅水的鱼虾、软体动物和某些植物根茎，因季节不同而有所变化。

shén me niǎo fēi de zuì gāo
什么鸟飞得最高

bù tóng de niǎo fēi de gāo dù bù yí yàng zhuó
不同的鸟飞的高度不一样。啄
mù niǎo fēi de gāo dù yì bān bù chāo guò dà shù de gāo
木鸟飞的高度一般不超过大树的高
dù má què yì bān bù chāo guò mǐ lǎo yīng kě zài
度；麻雀一般不超过10米；老鹰可在

知识加油站

天鹅是冬候鸟，喜欢群栖在湖泊和沼泽地带，以水生植物为食。每年三四月间，它们从南方飞向北方，在我国北部边疆省份产卵繁殖。

100米高空翱翔盘旋；候鸟大多飞翔在500米左右的高空，而飞得最高的鸟，恐怕要算大型水禽疣鼻天鹅和斑头雁了。它们的最高飞行纪录为越过世界屋脊喜玛拉雅山的珠穆朗玛峰，飞行高度可达9000米。疣鼻天鹅繁殖于新疆中部和北部，到印度西北部越冬，数量稀少，为我国2级保护动物；斑头雁繁殖于青海、西藏和新疆西部，印度是它越冬地之一。

动动小脑筋？

问：不同的鸟飞的高度是一样的，对吗？

答：不对。

为什么鸟的脚各种各样

生活习惯不同的鸟，它们的脚长得很不一样，有的小巧玲珑，有的粗大厚实，有的脚是用来步行的，有的脚是便于停靠在树枝上的，也有的是为游泳

知识加油站

老鹰，也叫鸢。猛禽类，嘴蓝黑色，上嘴弯曲，脚强健有力，趾有锐利的爪，翼大善飞。吃蛇、鼠和其他鸟类。

huá shuǐ yòng de
划水用的。

hái yǒu xiàng lǎo yīng yàng de jiǎo shàngmiànzhǎng zhe jiān jiān de
还有像老鹰样的脚，上面长着尖尖的

gōu zhuǎ shì zhuānmén yòng lái bǔ zhuō liè wù de jiù yīn wèi zhè xiē jiǎo gè yǒu gè de yòng tú
钩爪，是专门用来捕捉猎物的。就因为这些脚各有各的用途，

suǒ yǐ cái huì zhǎngchéng gè zhǒng gè yàng de xíngzhuàng
所以才会长成各种各样的形状。

niǎo wèi shén me huì míng jiào
鸟为什么会鸣叫

rén men bǎ jiào shēng fēi cháng dòng tīng de niǎo chēng wéi bǎi líng
人们把叫声非常动听的鸟称为百灵
niǎo qí shí bù jǐn bǎi líng niǎo qí tā de niǎo yě huì fā
鸟。其实，不仅百灵鸟，其他的鸟也会发
chū míng jiào nà me zhè xiē niǎo wèi shén me xǐ huan míng jiào ne
出鸣叫，那么，这些鸟为什么喜欢鸣叫呢？

niǎo de míng jiào kě fēn wéi xù míng hé zhuàn míng liǎng
鸟的鸣叫可分为叙鸣和啭鸣两
zhǒng zhè liǎng zhǒng míng jiào dōu shì niǎo lèi zài wài jiè huán
种，这两种鸣叫都是鸟类在外界环
jìng tiáo jiàn cì jī xià de yì zhǒng fù zá de fǎn shè xìng
境条件刺激下的一种复杂的反射性
fǎn yìng zài rì cháng shēng huó zhōng wú lùn shì xióng niǎo
反应。在日常生活中，无论是雄鸟
hái shi cí niǎo dōu néng fā chū xù míng zhè zhǒng
还是雌鸟都能发出叙鸣，这种

jiào shēng shì niǎo duì huán jìng cì
叫声是鸟对环境刺
jī de yì zhǒng bǎo hù xìng huò
激的一种保护性或
fáng yù xìng fǎn yìng ér
防御性反应。而

知识加油站

许多鸟类还可以效仿其他动物的叫声、器物的音响，甚至人类的简单语言。中国约有33种效鸣的鸟类。效鸣的鸟类对于学来的人类简单语言并不理解，仅仅表明它们具有较高的发声和学习能力。

zhuànmíng zé shì zài fán zhí jì jié lǐ xióng niǎo suǒ tè yǒu de yì zhǒng
啭鸣则是在繁殖季节里雄鸟所特有的一种
míng jiào shì niǎo lèi fán zhí qī xíng wéi zhī yī tōng guò míng jiào
鸣叫，是鸟类繁殖期行为之一。通过鸣叫，
niǎo lèi kě yǐ hù xiāng shì jǐng lián luò yǐ jí qiú ǒu
鸟类可以互相示警、联络以及求偶。

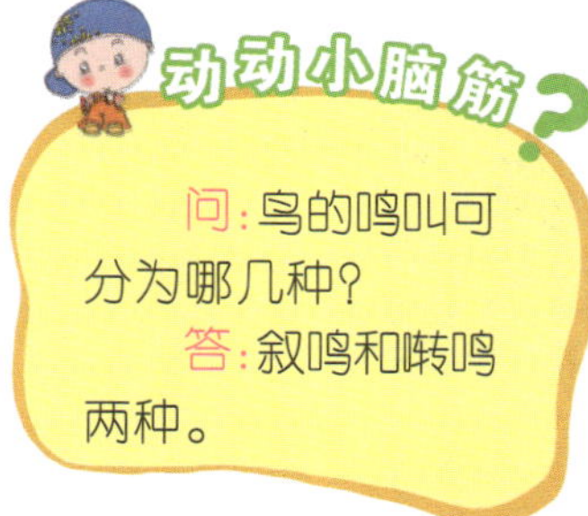

动动小脑筋？

问：鸟的鸣叫可分为哪几种？

答：叙鸣和啭鸣两种。

信鸽真的能送信吗

在古代，通讯十分不发达，在发生战争需要传递情报的时候，人们就会选用信鸽去完成送信的任务。人们将情报写在小小的纸条上，然后系到信鸽的脚上，信鸽会非常顺利地完成任务。

信鸽能送信，这是因为其眼力非常好，可以看清800米以外的小东西。白天，它可以根据

问：信鸽为什么能送信？

答：因其眼力非常好而且不迷路。

信鸽亦称“通信鸽”，是从普通的鸽子中衍生、发展和培育出来的一个种群。人们利用信鸽是因为鸽子有天生的归巢的本能，人们培育、发展、利用它来传递紧要信息。

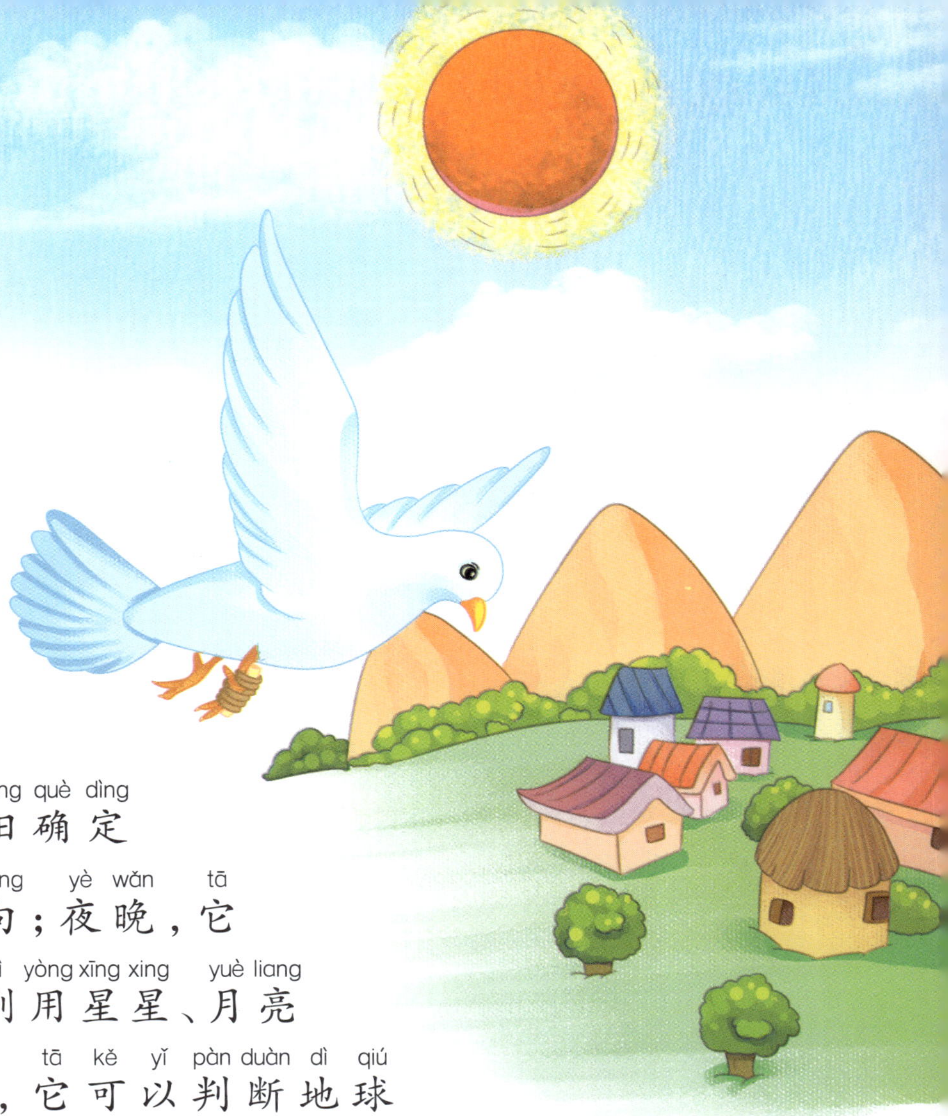

tài yáng què dìng
太 阳 确 定

fāng xiàng yè wǎn tā
方 向；夜 晚，它

néng lì yòng xīng xing yuè liang
能 利 用 星 星、月 亮

rèn lù tiān yīn le yě méi guān xi tā kě yǐ pàn duàn dì qiú
认 路；天 阴 了 也 没 关 系，它 可 以 判 断 地 球

cí lì de biàn huà biàn bié dōng xī nán běi zhǔn què de fēi xiàng mù dì dì
磁 力 的 变 化，辨 别 东 西 南 北，准 确 地 飞 向 目 的 地。

wèi shén me yīng wǔ yǔ bā ge néng xué rén shuō huà
为什么鹦鹉与八哥能学人说话

rén lèi sì yǎng yīng wǔ hé bā ge de lì shǐ hěn cháng le
人类饲养鹦鹉和八哥的历史很长了。
hóng lóu mèng li dài yù yǎng de bā ge rén huà shuō de kě hǎo ne
《红楼梦》里黛玉养的八哥，人话说得可好呢！
yīng wǔ hé bā ge zhǐ néng shuō jǐ jù jiǎn dān de rén jiāo gěi tā de huà
鹦鹉和八哥只能说几句简单的人教给它的话。

zhè liǎng zhǒng niǎo shēng lái jiù huì fā yīn suǒ yǐ rén men jiù jiāo tā men jǐ gè jiǎn dān de yīn jié ràng tā men fǎn
这两种鸟，生来就会发音，所以人们就教它们几个简单的音节，让它们反

知识加油站

鹦鹉指鹦形目众多艳丽、爱叫的鸟。它们以其美丽无比的羽毛、善学人语技能的特点，为人们所欣赏和钟爱。

fù liàn xí xíng chéng tiáo jiàn fǎn shè rì hòu ruò chū xiàn
复练习，形成条件反射。日后若出现

tóng yàng cì jī tā jiù huì shuō chū nà jǐ gè jiǎn dān yīn
同样刺激，它就会说出那几个简单音

jié lái
节来。

hú dié de chì bǎng wèi shén me nà me piào liang
蝴蝶的翅膀为什么那么漂亮

hú dié de chì bǎng shang yǒu zhe yì céng jí wēi xiǎo de xíngzhuàng gè yì de lín piàn lín piàn li hán yǒu xǔ duōzhǒng tè shū de huà xué sè sù kē lì zhè xiē wǔ yán liù sè de kē lì zǔ hé dào yì qǐ jiù gòu chéng le hú dié shēn shang

蝴蝶的翅膀上有着一层极微小的形状各异的鳞片。鳞片里含有许多种特殊的化学色素颗粒，这些五颜六色的颗粒组合到一起，就构成了蝴蝶身上

动动小脑筋？

问：蝴蝶身上绚丽多彩的图案是如何构成的？

答：由鳞片里特殊的化学色素颗粒构成。

xuàn lì duō cǎi de tú àn lín piànshang hái
绚丽多彩的图案。鳞片上还
shēng zhǎng zhe héng tiáo wén zhè zhǒng tiáo wén yuè
生长着横条纹，这种条纹越
duō hú dié
多，蝴蝶
de chì bǎng jiù
的翅膀就
yuè huì shǎn shuò
越会闪烁
měi lì duō cǎi
美丽多彩
de guāng máng
的光芒。

知识加油站

蝴蝶一般色彩鲜艳，翅膀和身体有各种花斑，头部有一对棒状或锤状触角。最大的蝴蝶展翅可达24厘米，最小的只有1.6厘米。

lìng wài hú dié chì bǎng shang de lín piàn bù
另外，蝴蝶翅膀上的鳞片不
jǐn néng shǐ hú dié yàn lì wú bǐ hái xiàng shì hú
仅能使蝴蝶艳丽无比，还像是蝴
dié de yí jiàn yǔ yī yīn wèi lín piàn li hán yǒu fēng fù de zhī
蝶的一件雨衣。因为鳞片里含有丰富的脂
fáng néng bǎ hú dié bǎo hù qǐ lái suǒ yǐ jí shǐ xià xiǎo yǔ shí hú dié yě néng fēi xíng
肪，能把蝴蝶保护起来，所以即使下小雨时，蝴蝶也能飞行。

蜜蜂为什么跳舞

所谓“跳舞”，就是蜜蜂按着各种图形飞舞。

蜜蜂跳舞的目的是为了传递信息，负责“侦察”的蜜蜂发现了蜜源，或者蜜蜂在外面采到蜜返回来，它们都要在蜂房上空快乐地飞舞一番，用飞舞出的图形，告诉同伴什么方向有花，大约有多远，让同伴们也去采蜜。

蜜蜂以太阳为基准指示方向，比如，头冲太阳跳“8”形，是

gào su tóng bàn cháo
告诉同伴，朝

tài yáng fēi néng cǎi dào
太阳飞能采到

mì tóu chòng dì tiào
蜜，头冲地跳

问：蜜蜂跳舞的目的是什么？

答：传递信息。

知识加油站

蜜蜂完全以花为食，包括花粉及花蜜，后者有时调制储存成蜂蜜。毫无疑问的是蜜蜂在采花粉时亦同时对它授粉，当蜜蜂在花间采花粉时，会掉落一些花粉到花上。

zì xíng shì gào su tóng bàn
“8”字形，是告诉同伴

bèi cháo tài yáng fēi néng cǎi dào mì jù lí yǒu duō yuǎn yòng
背朝太阳飞能采到蜜。距离有多远，用

fēi wǔ quān shù duō shǎo biǎo shì jǐ shí mǐ jǐ bǎi mǐ huò jǐ
飞舞圈数多少表示，几十米、几百米或几

qiān mǐ dōu yǒu gù dìng de quān shù
千米，都有固定的圈数。

蚂蚁为什么能搬“山”

一群蚂蚁，能把很大的食物搬回自己家里去，一只蚂蚁，也能拖动比它大得多的东西。科学家实验证明，蚂蚁搬的东西，可以超过它自身重量的50倍。若按此计算，蚂蚁是动物界名副其实的举重冠军。蚂蚁腿

知识加油站

蚂蚁是地球上最常见、数量最多的昆虫之一。蚂蚁都是社会性生活的群体，据现代形态科学分类，蚁可分两大种群：蚂蚁类和白蚁类。

bù de jī ròu shì yì tái gāo xiào de fā dòng
部的肌肉，是一台高效的“发动

jī zǔ jī ròu suǒ hào néng liàng shì fù zá
机组”，肌肉所耗能量，是复杂

de huà xué wù zhì
的化学物质。

mǎ yǐ de tuǐ yùn dòng shí jī ròu chǎnshēng
蚂蚁的腿运动时，肌肉产生

yì zhǒng suān xìng wù zhì yǐn qǐ zhè zhǒng yuán liào de
一种酸性物质，引起这种原料的

jí jù biàn huà jī ròu biàn xùn sù shōu suō chǎnshēng
急剧变化，肌肉便迅速收缩，产生

jù dà de dòng lì néng jiāng bǐ zì jǐ zhòng jǐ shí
巨大的动力，能将比自己重几十

bèi de dōng xi jǔ qǐ lái
倍的东西举起来。

动动小脑筋

问：蚂蚁可以搬多重的东西？

答：超过它自身重量50倍的东西。

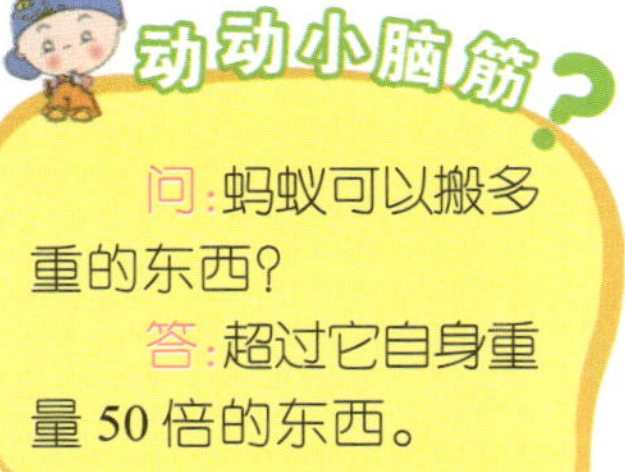

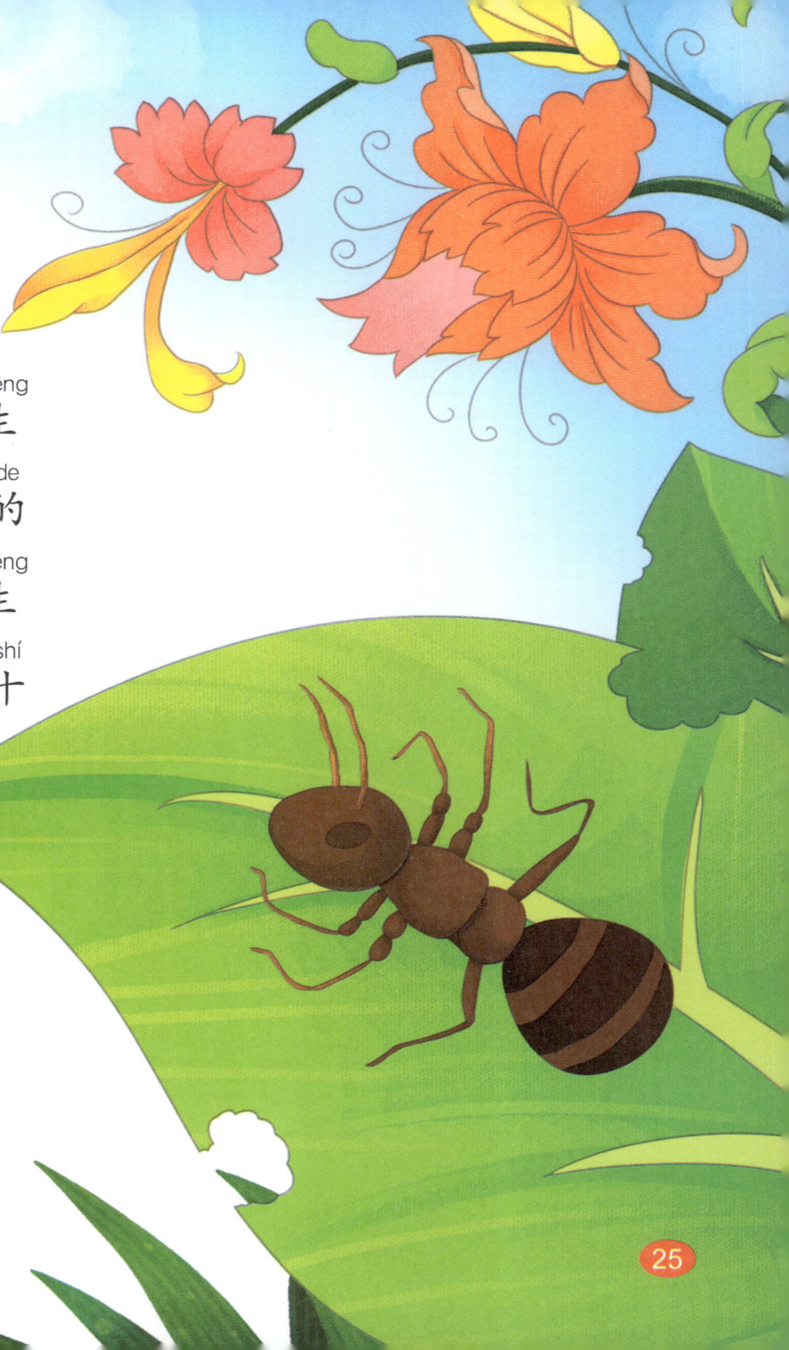

cāng ying chī zāng dōng xi wèi shén me bù shēng bìng
苍蝇吃脏东西为什么不生病

rú guǒ rén chī le cāng ying chī guò de dōng xi jiù kě néng shēng bìng
如果人吃了苍蝇吃过的东西就可能生病。

zhè shì yīn wèi cāng ying shēn shang xié dài zhe dà liàng bìng jūn dīng dào
这是因为苍蝇身上携带着大量病菌，叮到

nǎ lǐ jiù bǎ bìng jūn chuán bō dào nǎ lǐ suǒ yǐ rén ruò chī le cāng
哪里，就把病菌传播到哪里。所以人若吃了苍

yíng dīng guò de shí wù jiù róng yì shēng bìng
蝇叮过的食物，就容易生病。

dàn shì cāng ying chī le zāng dōng xi què bú bèi
但是苍蝇吃了脏东西却不被

bìng jūn gǎn rǎn zhè shì yīn wèi bìng jūn wú fǎ zài
病菌感染。这是因为病菌无法在

cāng ying xiāo huà dào cháng shí jiān shēng cún de yuán gù
苍蝇消化道长时间生存的缘故。

cāng ying tǐ nèi néng fēn mì yì
苍蝇体内能分泌一

zhǒng kàng jūn huó xìng dàn bái kě jiāng xiāo
种“抗菌活性蛋白”，可将消
huà dào nèi yí bù fen bìng jūn shā sǐ ér
化道内一部分病菌杀死，而
lìng yí bù fen bìng jūn zé pái chū tǐ wài
另一部分病菌则排出体外。

suǒ yǐ
所以，
cāng ying chī le
苍蝇吃了
yǒu bìng jūn de
有病菌的
zāng dōng xi
脏东西，

动动小脑筋

问：苍蝇吃了脏东西会不会生病？
答：不会。

苍蝇的食性很杂，香、甜、酸、臭均喜欢，它取食时要吐出嗉囊液来溶解食物，习惯是边吃、边吐、边拉。有人作过观察，在食物较丰富的情况下，苍蝇每分钟要排便4～5次。

zì jǐ bú huì shēng bìng què bǎ bìng jūn chuán rǎn gěi rén lèi tā
自己不会生病，却把病菌传染给人类，它
shì dà dà de hài chóng
是大大的害虫。

chán shì rú hé bào jǐng de
蝉是如何报警的

xiǎo péng you nǐ men yǒu guò bǔ chán de jīng lì ma dāng
小朋友，你们有过捕蝉的经历吗？当
nǐ bǔ zhù yì zhī míng jiào de chán hòu qí tā chán jiù fēi zǒu le
你捕住一只鸣叫的蝉后，其他蝉就飞走了，
zhè shì wèi shén me
这是为什么？

知识加油站

蝉俗称“知了”，是一种昆虫。最大的蝉体长 4 ~ 4.8 厘米，翅膀基部呈黑褐色。蝉在树上时，用针刺口器吸取树汁，因此对树木有害。

yuán lái bèi bǔ
原来，被捕
zhù de chán fā chū le shēng
住的蝉发出了声
yīn jǐng bào bié de chán
音警报，别的蝉
jiē dào xìn xi
接到信息
hòu jiù zì dòng
后就自动
de táo pǎo le chán de chéng chóng shēng mìng hěn
地逃跑了。蝉的成虫生命很
duǎn zàn zhǐ yǒu shí duō tiān suǒ yǐ xióng chán biàn méi mìng
短暂，只有十多天。所以雄蝉便没命
de míng jiào zhāo hū cí chán guò
地鸣叫，招呼雌蝉过
lái yǔ zhī jiāo pèi yǐ biàn shēng ér yù nǚ
来，与之交配，以便生儿育女。

dāng xióng chán bèi bǔ shí tā huì gǎi biàn shēng yīn yǐ bù tóng
当雄蝉被捕时，它会改变声音，以不同
pín lǜ de shēng bō fā chū qī qiè xiǎng liàng de bào jǐng shēng bié de chán
频率的声波发出凄切响亮的报警声。别的蝉
wén xùn yì qí jīng fēi ràng nǐ bǔ bù zháo
闻讯一齐惊飞，让你捕不着。

shù shang de chán wèi shén me hào sā niào
树上的蝉为什么好撒尿

kù xià de wǎnshang chán zài shù shang zhī zhī de jiào
酷夏的晚上，蝉在树上“吱吱”地叫
zhe rú guǒ zhè shí nǐ qù gōng jī tā wǎngwǎng huì yǒu yì gǔ
着，如果这时你去攻击它，往往会有一股
wū shuǐ cóng shù yè cóngzhōng sǎ xià lái nà shì chán de
污水从树叶丛中洒下来，那是蝉的
niào chán de shí wù zhǔ yào shì shù de zhī yè
尿。蝉的食物，主要是树的汁液。

chán de zuǐ xiàng yì zhī yìng guǎn tā
蝉的嘴像一支硬管，它
bǎ zuǐ chā rù shù gàn yì tiān dào wǎn de shǔn
把嘴插入树干，一天到晚地吮
xī zhī yè bǎ dà liàng yíng yǎng hé shuǐ fèn xī
吸汁液，把大量营养和水分吸
dào tǐ nèi chōngmǎn shuǐ fèn de shēn tǐ hěn bèn zhòng
到体内，充满水分的身体很笨重。

rú guǒ zhè shí shòu dào gōng jī
如果这时受到攻击，
tā huì jí qiè de xiǎng fēi zǒu wèi
它会急切地想飞走，为
le qīng sōng de fēi qǐ lái zhǐ dé
了轻松地飞起来，只得
bǎ tǐ nèi de yè tǐ pái xiè diào
把体内的液体排泄掉。

chán pái xiè yǔ qí tā kūn chóng
蝉排泄与其他昆虫
bù yí yàng chán biàn dōu zhù cún zài
不一样，蝉便都贮存在
zhí cháng náng li jǐn jí shí suí shí
直肠囊里，紧急时随时
dōu néng bǎ shǐ niào pái chū tǐ wài
都能把屎尿排出体外。

蝉的幼虫期叫蝉猴、知了猴或蝉龟。蝉夏天在树上叫声响亮，用针刺口器吸取树汁，幼虫栖息土中，吸取树根液汁，对树木有害。

动动小脑筋？

问：蝉的尿贮存在什么地方？

答：直肠的囊里。

jī sā niào ma
鸡撒尿吗

niào shì shèn zhì zào de
尿是肾制造的。
jī yě yǒu yí duì shèn yě néng
鸡也有一对肾，也能
zhì zào niào dàn shì jī méi yǒu
制造尿，但是鸡没有
pángguāng zhì zào de niào wú chù
膀胱，制造的尿无处
chǔ cún yòu méi yǒu dān dú de
储存，又没有单独的
pái niào xì tǒng suǒ yǐ jī niào
排尿系统。所以鸡尿
jiù hé jī fèn yì tóng cóng gāng mén pái chū tǐ wài
就和鸡粪一同从肛门排出体外。

jī niào li hán yǒu niào suān hán shuǐ jiào shǎo yīn cǐ jī
鸡尿里含有尿酸，含水较少，因此鸡

知识加油站

鸡是人类饲养最普遍的家禽。家鸡源于野生的原鸡，其驯化历史至少有4000年，但直到1800年前后，鸡肉和鸡蛋才成为大量生产的商品。

niào rú tóng bái sè xī hú hú
尿如同白色稀糊糊。
wǒ men cháng cháng kàn
我们常常看
dào yì duī jī fèn
到一堆鸡粪
yǒu yí bàn
有一半
shì bái sè
是白色
de zhè zhǒng xiàn xiàng yǔ jī fèn
的，这种现象与鸡粪
li hán yǒu jī niào yǒu guān suǒ
里含有鸡尿有关。所
yǐ jī shì sā niào de zhǐ bú
以鸡是撒尿的，只不
guò shì tóng jī fèn yí dào cóng gāng
过是同鸡粪一道从肛
mén pái chū bà le
门排出罢了。

动动小脑筋

问：鸡有膀胱吗？

答：没有。

jī wèi shén me xǐ huan zài shā li pū teng

鸡为什么喜欢在沙里扑腾

nà shì jī zài yòng shā zi xǐ zǎo jī fēi cháng pà shuǐ

那是鸡在用沙子洗澡。鸡非常怕水，

wǒ men xíng róng yí gè rén bèi yǔ shuǐ lín shī shí jīng cháng yòng

我们形容一个人被雨水淋湿时，经常用

知识加油站

鸡有司晨作用。养鸡为人们提供了重要的肉、蛋食源，所以鸡对人们来说极有价值。

dào luò tāng jī zhè ge cí suǒ yǐ jī jué duì bù gǎn dào shuǐ li xǐ zǎo

到“落汤鸡”这个词，所以，鸡绝对不敢到水里洗澡。

wèi le chú qù shēnshang de xiǎo chóng tā men yòng shēn tǐ zài dì miàn shang mó cā shǐ quán shēn de yǔ máo zhān mǎn shā lì rán hòu yòng lì bǎ shā lì dǒu chū qù fù zhuó zài yǔ máoshang de jì shēngchóng yě dōu bèi nòng diào le

为了除去身上的小虫，它们用身体在地面上摩擦，使全身的羽毛沾满沙粒，然后用力把沙粒抖出去，附着在羽毛上的寄生虫也都被弄掉了。

动动小脑筋?

问：鸡敢到水里洗澡吗？

答：不敢。

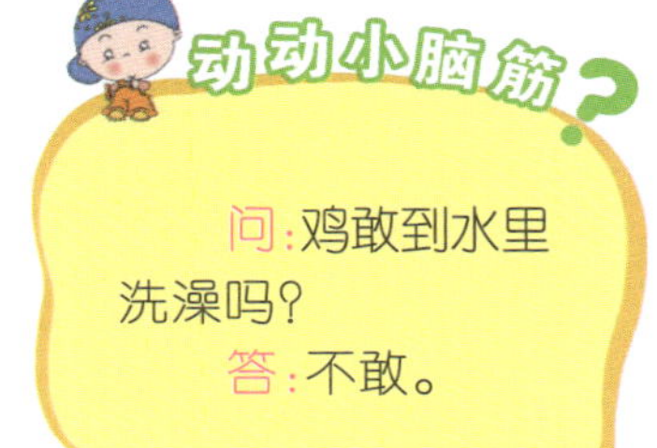

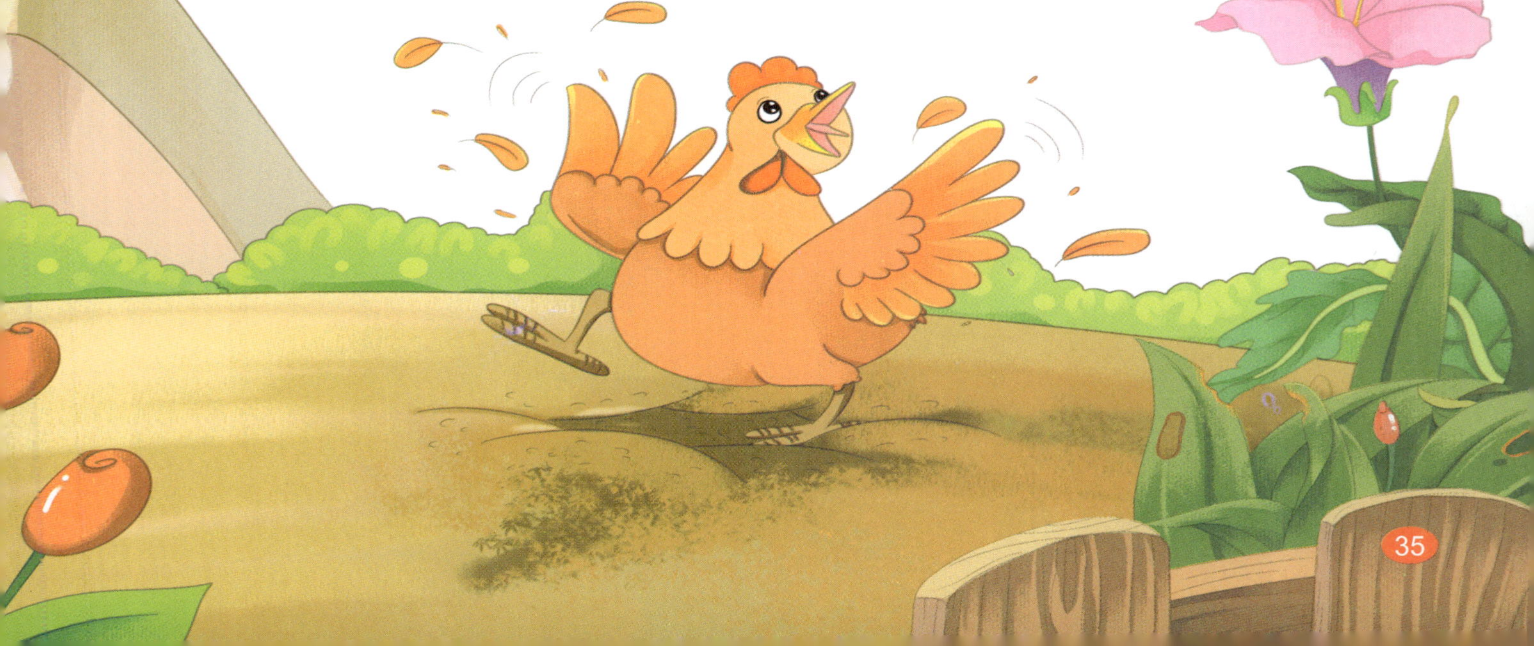

yā zi wèi shén me kě yǐ fú zài shuǐ zhōng yóu yǒng
鸭子为什么可以浮在水中游泳

wǒ men jīng cháng kàn jiàn zài qīng qīng de xiǎo hé zhōng yǒu jǐ zhī yā zi xiàng xiǎo
我们经常看见在清清的小河中，有几只鸭子像小
chuán yí yàng zì yóu zì zài de yóu zhe tā men wèi shén me huì yóu yǒng ne
船一样自由自在地游着。它们为什么会游泳呢？
yīn wèi yā zi de wěi ba kě yǐ fēn mì hěn duō yóu
因为鸭子的尾巴可以分泌很多油，
tā tōng guò zuǐ ba jiāng yóu tú mǒ zài hòu mì qīng qiǎo de yǔ máo
它通过嘴巴将油涂抹在厚密轻巧的羽毛
shang shǐ yǔ máo bú huì bèi shuǐ nòng shī
上，使羽毛不会被水弄湿，
lǐ miàn shǐ zhōng liú
里面始终留
yǒu kōng qì
有空气，
zhè yàng jiù kě
这样就可

动动小脑筋

问：鸭子是游水高手吗？

答：是的。

yǐ fú zài shuǐ miànshang

以浮在水面上。

hái yǒu zhòng yào

还有重要

de yì diǎn yā zi

的一点，鸭子

de jiǎo zhǐ zhī jiān lián

的脚趾之间连

zhe yì céng jiào zuò pǔ de pí tā xiàng

着一层叫作蹼的皮，它像

chuán jiǎng yí yàng zài shuǐ zhōng bù tíng de

船桨一样在水中不停地

huá yā zi jiù kě yǐ zài shuǐ zhōng yóu

划，鸭子就可以在水中游

lái yóu qù le

来游去了。

鸭子被人类驯养后，便失去了迁徙的习性，而且人们为了获得更多的鸭蛋，不让它们停产抱孵。时间一长，家鸭就失去了孵蛋的本领。

wèi shén me māo de zhuǎ zi tè bié fēng lì

为什么猫的爪子特别锋利

māo de zhuǎ zi shì tā de wǔ qì suǒ yǐ bì xū shí fēn fēng lì
猫的爪子是它的武器，所以必须十分锋利，
cái néng yòng lái zhuō lǎo shǔ hé pá shù māo zhuǎ zi shang de zhǐ jiǎ bú duàn
才能用来捉老鼠和爬树。猫爪子上的趾甲不断
shēngzhǎng māo jiù bú duàn de mó zhuǎ zi bǎ jiù de zhǐ jiǎ mó diào xīn de zhǐ jiǎ
生长，猫就不断地磨爪子，把旧的趾甲磨掉，新的趾甲
jiù huì dài tì jiù de zài mó yí
就会代替旧的，再磨一
xià jiù biàn de gèng jiā fēng lì wú bǐ
下，就变得更加锋利无比。
bú guò yóu yú xiǎo māo bú duàn
不过，由于小猫不断
mó zhuǎ zi suǒ yǐ jīng cháng huì zài jiā
磨爪子，所以经常会在家
jù shang liú
具上留

知识加油站

猫一般寿命为18～20岁，18岁时已是高龄阶段。而猫的青春期则在1～2岁之间。10岁的猫基本上可认为进入老年期了。

动动小脑筋？

问：为什么猫的爪子特别锋利？

答：它们经常磨爪子。

下爪痕，这是要被主人骂的。小猫跑到院子里，就在树上磨自己的爪子，这些爪痕也是它们标明自己地盘的方法。

māo hé gǒu zhēn de shì dí rén ma

猫和狗真的是敌人吗

cháng jiǔ yǐ lái rén men jiù rèn
长久以来，人们就认
wéi māo hé gǒu zhī jiān cún zài zhe mǒuzhǒng
为猫和狗之间存在着某种
tiān shēng de dí duì guān xì yǐ zhì yú
天生的敌对关系，以至于
hěn duō yù yán gù shi hé lì shǐ chuánshuō
很多寓言故事和历史传说
dōu wéi rào zhè
都围绕这
yì diǎnzhǎn kāi
一点展开。
tā men zhī jiān
它们之间
kě néng cún zài zhe yì zhǒng yǔ yán shang de xiāng hù wù jiě dāng
可能存在着一种“语言”上的相互误解。当

动动小脑筋

问：猫和狗发生争执甚至打斗的原因是什么？

答：语言不通造成误解。

māo hé gǒu
猫和狗

dì yī cì
第一次

zǒu dào yì
走到一

qǐ xiāng hù wén duì fāng de qì wèi shí
起相互闻对方的气味时，

qì fēn hái suàn bú cuò gǒu tōng guò
气氛还算不错。狗通过

yáo wěi ba shì yì ér māo zé tōng
摇尾巴示意，而猫则通

guò miāo miāo jiào shì hǎo dàn shì
过喵喵叫示好。但是，

gǒu huì bǎ zhè zhǒng miāo miāo jiào rèn wéi shì gū lu jiào zhè zài gǒu de yǔ yán zhōng biǎo shì
狗会把这种喵喵叫认为是咕噜叫——这在狗的“语言”中表示

gōng jī qián de jǐng gào yǔ cǐ xiāng bǐ māo yě huì cuò wù de
攻击前的警告。与此相比，猫也会错误地

lǐ jiě gǒu de yáo wěi ba yīn wèi duì yú māo lái shuō yáo dòng wěi
理解狗的摇尾巴，因为对于猫来说，摇动尾

ba jiù yì wèi zhe gōng jī jǐng gào zhè yàng jiù yǐn fā le zhēng
巴就意味着攻击警告。这样，就引发了争

zhí shèn zhì dǎ dòu
执，甚至打斗。

知识加油站

狗是一种犬科哺乳动物，是已经被人类驯化的狼的后代，生物学分类上是狼的一个亚种；被称为“人类最忠实的朋友”，也是饲养率最高的宠物之一。

dà xióng māo wèi shén me gǎi chī sù le
大熊猫为什么改吃素了

dà xióng māo de zǔ xiān shì ròu shí dòng wù，xiàn zài wèi hé xǐ huan chī zhú zi，gǎi chī "sù" le ne?
大熊猫的祖先是肉食动物，现在为何喜欢吃竹子，改吃“素”了呢？

zhè hé tā de shēng huó huán jìng de gǎi biàn yǒu zhí jiē guān xì。shòu bīng chuān xí jī hòu，liú cún zài sì chuān、gān sù yí dài de dà xióng māo，qí shēng huó dì qū cún zài zhe dà liàng zhú zi。
这和它的生活环境的改变有直接关系。受冰川袭击后，留存在四川、甘肃一带的大熊猫，其生活地区存在着大量竹子。

yóu yú dà xióng māo bǔ huò shí wù shí fēn kùn nán，suǒ yǐ
由于大熊猫捕获食物十分困难，所以

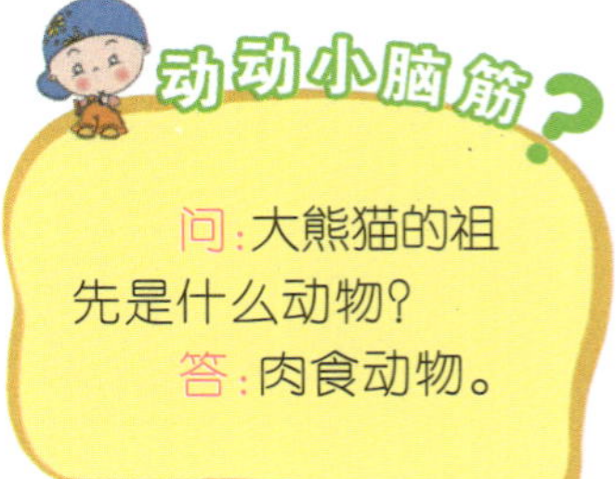

问：大熊猫的祖先是什么动物？
答：肉食动物。

不得不改变食性，以吃竹子求生存。时间长了，大熊猫就变成了吃竹子的动物。

由于大熊猫吃竹子，它的臼齿变得特别宽大，能很好地磨碎竹子的纤维。

大熊猫特别爱吃冷箭竹、墨竹、水竹，尤其爱吃竹笋，每天要吃约20千克的嫩竹。由于它需要消化大量的纤维和木质素，所以特别爱喝水。大熊猫偶尔也吃些小动物，如竹鼠等。

知识加油站

大熊猫栖息于长江上游各山系的高山深谷中，那里气候温凉潮湿，湿度常在80%以上，故它是一种喜湿性动物。

hóu zi wèi shén me zhuō shī zi
猴子为什么捉虱子

xiǎo péng you men dào dòng wù yuán yóu wán de shí hou chángcháng kàn dào hóu zi xiāng hù bō nòng shēnshang de máo cóngzhōngzhǎo chū dōng xi fàng jìn zuǐ li yǒu rén shuō tā men chī de shì shī zi

小朋友们到动物园游玩的时候，常常看到猴子相互拨弄身上的毛，从中找出东西放进嘴里。有人说它们吃的是虱子。

qí shí tā men fàng dào zuǐ li de shì shēn tǐ

其实，它们放到嘴里的是身体

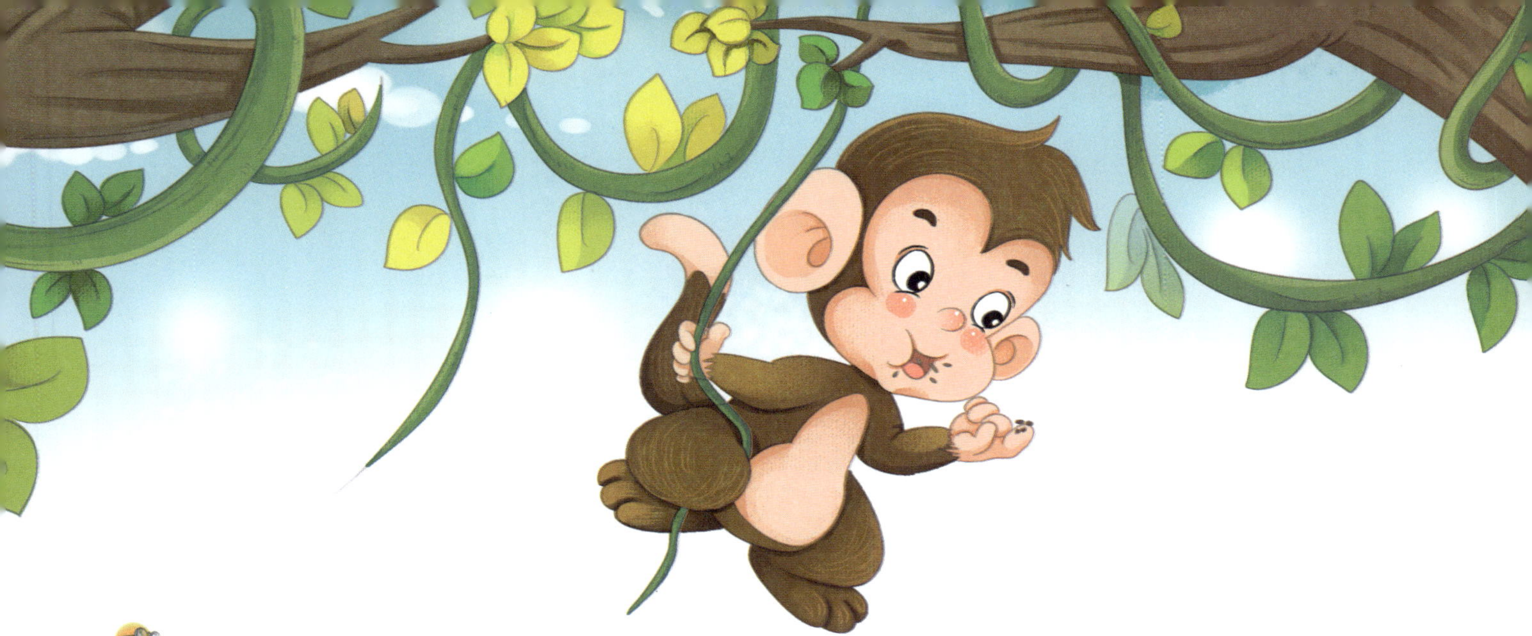

li fēn mì de yì zhǒng hán yán de wù zhì chī le zhè zhǒng dōng
里分泌的一种含盐的物质。吃了这种东

xi kě yǐ bǔ chōng tǐ nèi de yán fèn yǒu yì shēn tǐ jiàn kāng
西可以补充体内的盐分，有益身体健康。

tā men zhī jiān hù xiāng jiǎn shí
它们之间互相拣食，

kě yǐ zhǐ yǎng yòu néng qīng jié pí fū
可以止痒，又能清洁皮肤。

知识加油站

全世界猴子的种类约有 200 种，最小型的猴子是侏儒狨猴，大约高 15 厘米、重 113 克；最大的是彩面山魈，高约 80 厘米。沃斯堡动物园的一只母山魈体重为 34 千克。

动动小脑筋

问：猴子是在相互捉虱子吃吗？

答：不是，是在吃一种含盐的物质。

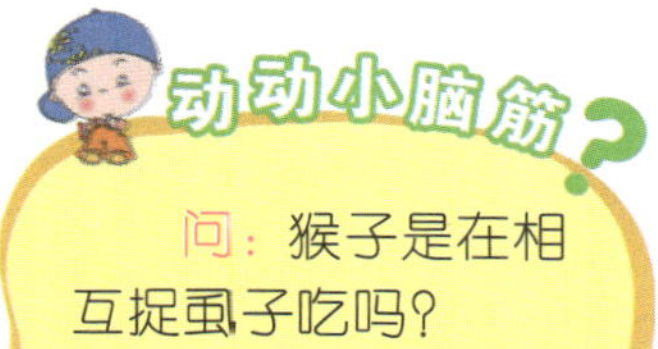

tù zi wèi shén me kěn dōng xi
兔子为什么啃东西

xiǎo péng yǒu men yǐ jīng zhī dào lǎo shǔ zǒng shì zhǎo yìng dōng xi kěn shì wèi le mó yá
小朋友们已经知道，老鼠总是找硬东西啃，是为了磨牙。

yīn wèi tā de yá chǐ méi yǒu zhǎng gēn huì bú duàn shēng zhǎng qí shí tù zi yě shì yí yàng
因为它的牙齿没有长根，会不断生长。其实兔子也是一样，

yǐ qián bǎ tù zi hé lǎo shǔ
以前把兔子和老鼠

知识加油站

当兔子感到害怕时，它们会用后腿跺脚。在野外，当敌人接近时，兔子会用后腿跺脚去通知同伴有危险。

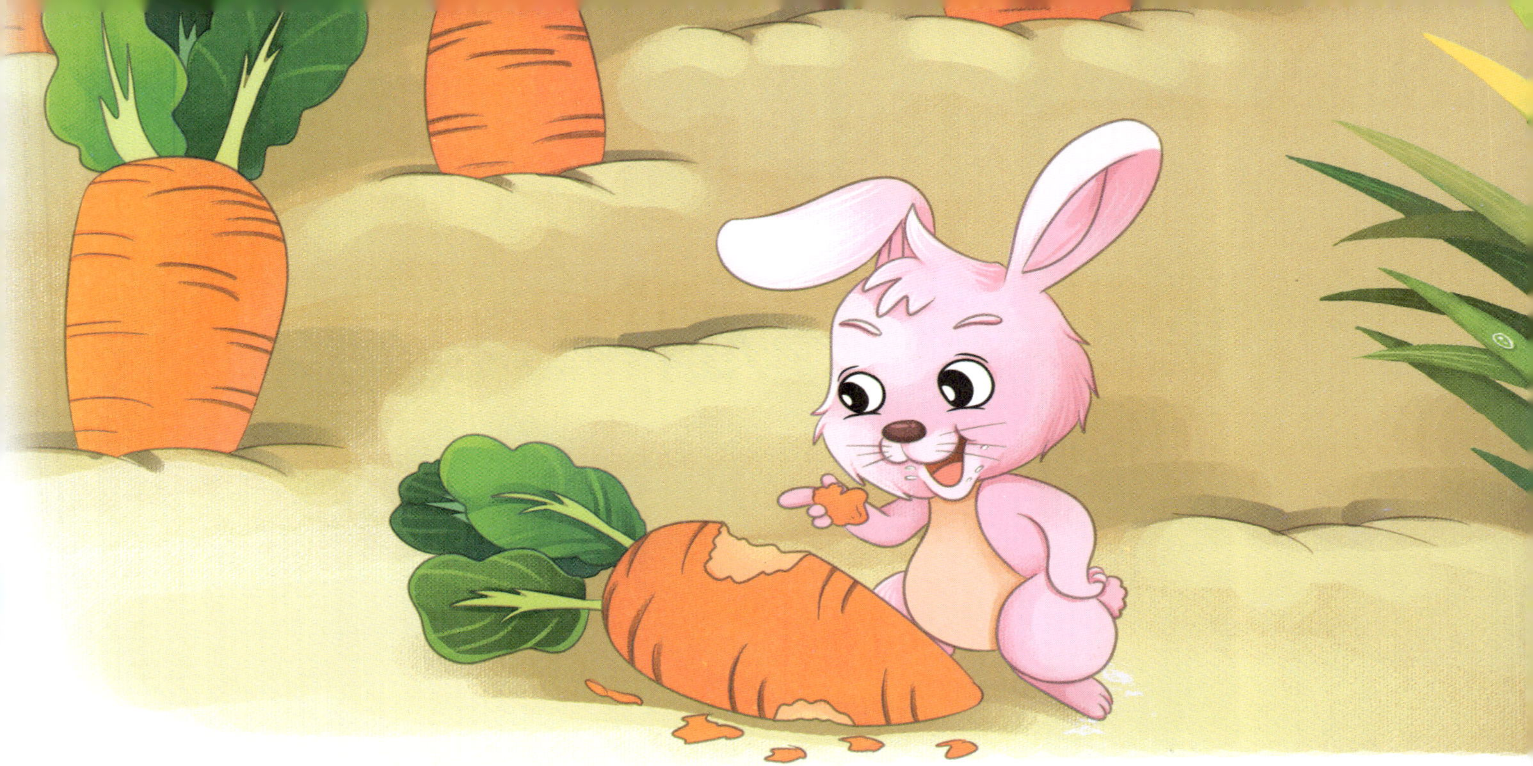

同归为啮齿类动物，就是这个原因。但是后来又把兔子划分出来，列为兔科动物。兔子有一点和老鼠不同，老鼠不会吃啃下的硬东西，而兔子却会吃掉。

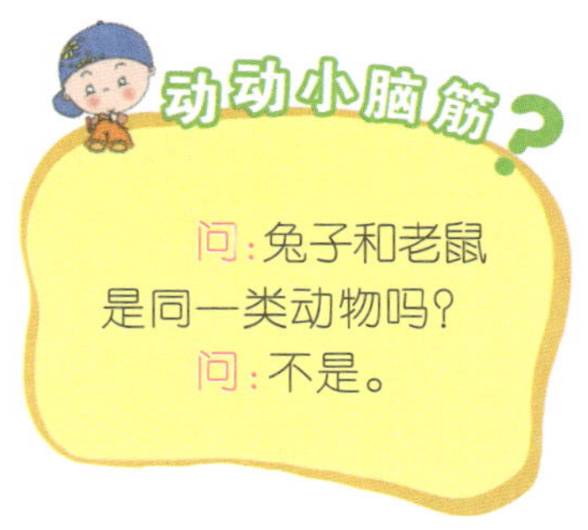

sōng shǔ de wěi ba wèi shén me tè bié dà
松鼠的尾巴为什么特别大

sōng shǔ ěr duo hé wěi ba shang de máo tè
松鼠耳朵和尾巴上的毛特
bié cháng néng shì yìng shù shang shēng huó tā men shǐ
别长，能适应树上生活。它们使
yòng xiàng cháng gōu de zhǎo hé wěi ba dào diào zài shù
用像长钩的爪和尾巴倒吊在树
zhī shang zài lí míng hé bàng wǎn tā men yě huì
枝上。在黎明和傍晚，它们也会
lí kāi shù zhī dào
离开树枝，到
dì miàn shang bǔ shí
地面上捕食。

sōng shǔ zài sēn lín li qiào zhe dà
松鼠在森林里翘着大
wěi ba zài shù shang tiào shàng tiào xià hǎo wán
尾巴在树上跳上跳下，好玩

动动小脑筋？

问：松鼠什么时候会离开树枝，到地面上捕食？

答：黎明和傍晚。

知识加油站

松鼠夏季全身红毛，到了秋天会更换成黑灰色的冬毛紧密地裹住全身。体长20～28厘米，尾长15～24厘米，体重300～400克。眼大而明亮，耳朵长，耳尖有一束毛，冬季尤其显著。

jí le bú guò tā de wěi ba kě
极了。不过，它的尾巴可
bù zhǐ shì hǎo kàn zài tā téng kōng tiào
不只是好看，在它腾空跳
yuè shí zhèng shì yóu yú dà wěi ba de
跃时，正是由于大尾巴的
bāng zhù cái bú zhì yú shī qù píng héng
帮助，才不至于失去平衡，
cóng shù shang diào xià qù zài dōng tiān li tā bǎ dà wěi ba yán yán shí shí de wéi zài tóu shang
从树上掉下去。在冬天里，它把大尾巴严严实实地围在头上，
jiù xiàng yì tiáo dà wéi jīn kě wēn nuǎn le
就像一条大围巾，可温暖了！

fèi fèi shì zuì dà de hóu er ma
狒狒是最大的猴儿吗

fèi fèi shēng huó zài fēi zhōu dōng běi bù hé yà zhōu de ā lā bó bàn dǎo tā shì bǔ rǔ dòng wù shēn tǐ xíng zhuàng xiàng hóu zi dàn bú shì hóu zi ér shì hóu zi de jìn qīn xióng fèi fèi gè zi jiào dà zhàn lì shí shēn gāo dá mǐ cí fèi fèi yào xiǎo de duō

狒狒生活在非洲东北部和亚洲的阿拉伯半岛，它是哺乳动物，身体形状像猴子，但不是猴子，而是猴子的近亲，雄狒狒个子较大，站立时身高达1～1.3米，雌狒狒要小得多。

狒狒的头部有点像狗，毛色灰褐，四肢粗，尾巴细长，喜群居，杂食。非洲的狒狒会爬树，通常四肢着地行走，在地上寻找各种野生植物、昆虫和小爬行动物吃。

每一群狒狒中总有一只强健的狒狒做“首领”，它能起一呼百应的作用。成

知识加油站

野生狒狒大多比较好斗，因为对外比较团结，所以是自然界唯一敢于和狮子作战的动物，一般3～5只狒狒就可以搏杀一只狮子，作风十分果敢、顽强。

zhǎngzhōng de xióng fèi fèi shì dú jū de dāng yì zhī
长中的雄狒狒是独居的，当一只
xióng fèi fèi zhǎng dà hòu jiù yào jiā rù dào yí gè qún
雄狒狒长大后，就要加入到一个群
luò li dàn tā yào hé qí tā de fèi fèi bó dòu yǐ
落里，但它要和其他的狒狒搏斗以
jué dìng zì jǐ de dì wèi
决定自己的地位。

fèi fèi qún zài shǒu lǐng de dài lǐng xià nǔ lì
狒狒群在首领的带领下，努力
bǎo hù zì jǐ bú shòuměngshòu qīn hài yě bú ràng qí
保护自己不受猛兽侵害，也不让其
tā fèi fèi qún qīn fàn tā men de lǐng tǔ
他狒狒群侵犯它们的领土。

mǎ lǘ fēi zhōuxiàng wèi shén me zhàn zhe shuì jiào

马、驴、非洲象为什么站着睡觉

jiā yǎng mǎ shì yóu yě mǎ xùn huà ér lái tā zhàn zhe shuì jiào shì jì chéng le yě mǎ de shuì jiào xí guàn yě mǎ shì cǎo yuánshang de shí cǎo dòng wù suí shí dōu yào jǐng tì rén lèi hé xiōngměng shí ròu dòng wù de xí jī yīn cǐ bú lùn bái tiān hēi yè tā men dōu děi zhàn zhe xiū xi hé shuì jiào yǐ biàn zài shòu dào dí hài

家养马是由野马驯化而来，它站着睡觉是继承了野马的睡觉习惯。野马是草原上的食草动物，随时都要警惕人类和凶猛食肉动物的袭击，因此不论白天黑夜，它们都得站着休息和睡觉，以便在受到敌害

问：是非洲象站着睡觉还是亚洲象站着睡觉？

答：非洲象。

攻击时迅速逃离。

驴也站着睡觉，也是因为它们的祖先的生活环境同野马相似。

大象的大鼻子十分娇嫩，最怕蚊子和蚂蚁等动物钻进去捣乱，因此非洲象也总是站着或靠着树睡觉，以确保它们那大鼻子的安全。然而亚洲象却相反，其睡觉姿势同猪差不多，如果发现亚洲象站着睡觉，那就是它身体不舒服了。

知识加油站

狗睡觉时，一定把头贴在地面，一只耳朵紧贴着地面。由于地面传声比空气快得多，只要远处有一点声响，狗很快就能听到。

wèi shén me wū guī néngchángshòu
为什么乌龟能长寿

wū guī yǐ chángshòu wén míng yú shì chuánshuō wū guī hái néngchángshēng bù lǎo ne
乌龟以长寿闻名于世，传说乌龟还能长生不老呢！

wū guī wèi shén me huì huó zhè me jiǔ jù yǒu guānzhuān jiā yán jiū fā xiàn zài rén hé dòng wù xì bāo li yǒu yí gè rì yè yùn zhuǎn de zhōngbiǎo shēng wù zhōng tā guī dìng le qí shòu mìng de chángduǎn
乌龟为什么会活这么久？据有关专家研究发现，在人和动物细胞里，有一个日夜运转的钟表——生物钟，它规定了其寿命的长短。

rén de quán shēn xì bāo zǒng shù yǒu wàn yì gè
人的全身细胞总数有100万亿个，

cóng pēi tāi kāi shǐ fēn liè
从胚胎开始分裂，
píng jūn měi nián fēn liè
平均每 2.4 年分裂
yí cì cì yǐ hòu biàn
一次，50 次以后便
zì xíng shuāiwáng
自行衰亡。

jù cǐ kě tuī suàn chū
据此可推算出
rén de shòumìng shì suì
人的寿命是 120 岁。
ér wū guī de xì bāo fēn liè
而乌龟的细胞分裂
kě gāo dá cì suǒ yǐ
可高达 110 次，所以
wū guī shòu mìng kě dá
乌龟寿命可达 300
suì
岁。

知识加油站

乌龟主要栖息于江河、湖泊、水库、池塘及其他水域。白天多居水中，夏日炎热时，便成群地寻找阴凉处。性情温和，相互间无咬斗。

动动小脑筋

问：乌龟的细胞分裂可高达多少次？

答：110 次。

wèi shén me láng zǒng zài yè lǐ háo jiào
为什么狼总在夜里嚎叫

láng shì jiào dà xíng shí ròu měngshòu shēngxìng xiōng cán yǐ bǔ
狼是较大型食肉猛兽，生性凶残，以捕
liè tù jī shǔ hé jiā chù wéi shí yǒu shí yě shāng hài rén lèi
猎兔、鸡、鼠和家畜为食，有时也伤害人类。

láng shì yè xíng shòu tiān hēi biànchéng qún chū liè
狼是夜行兽，天黑便成群出猎，
biān zǒu biān háo láng háo shì tóng lèi jiān de tōng
边走边嚎。狼嚎是同类间的通
xùn lián xì bǐ cǐ zhāo hu kuài lái jí jié
讯联系，彼此招呼快来集结。

mǔ láng hū jiào xiǎo láng gōng láng hū jiào
母狼呼叫小狼，公狼呼叫
mǔ láng zuì hòu jí jié chéng qún yì tóng wài
母狼，最后集结成群，一同外
chū mì shí rú dào fán zhí qī
出觅食。如到繁殖期，

láng yě fā chū háo jiào lái xún zhǎo pèi ǒu láng ruò fā xiàn liè
狼也发出嚎叫来寻找配偶。狼若发现猎

wù biàn qún qǐ ér gōng zhī xíng dòng yòu qīng yòu kuài suǒ yǐ
物，便群起而攻之，行动又轻又快。所以

hěn shǎo yǒu liè wù néng táo tuō láng kǒu
很少有猎物能逃脱狼口。

ruò gū shēn yì rén yù dào láng
若孤身一人遇到狼，

yí dìng yào zhù yì qí wēi xiǎn xìng
一定要注意其危险性。

知识加油站

狼群中有一定的等级制，每个成员都很明确自己的身份，相互之间很少有仇恨和打架的行为。在围捕猎物和共同抚幼方面，还表现出一种友爱与合作的精神。

动动小脑筋

问：狼是群居动物吗？

答：是的。

骆驼为什么不怕饥渴

luò tuo wèi shén me bú pà jī kě

骆驼被称为“沙漠之舟”，有极强的耐饥渴能力，在一次喝足水之后，能长时间不喝水。它们为什么不怕渴？这是因

luò tuo bèi chēng wéi shā mò zhī zhōu yǒu jí qiáng de nài jī kě néng lì zài yí cì hē zú shuǐ zhī hòu néng cháng shí jiān bù hē shuǐ tā men wèi shén me bú pà kě zhè shì yīn

wèi luò tuo de wèi fēn sān
为骆驼的胃分三

gè shì yí gè wèi fù shēng
个室，一个胃附生20～30

gè shuǐ pāo zuò zhù shuǐ yòng luò tuo shàn yú tiáo jié shuǐ fèn
个水脬，作贮水用。骆驼善于调节水分

xiāo hào rú hū xī cì shù jiǎn shǎo xiǎo biàn liàng yě hěn
消耗，如呼吸次数减少，小便量也很

shǎo lìng wài luò tuo de tuó fēng shì
少。另外，骆驼的驼峰是

zhù cún zhī fáng de dì fang zhǎo bú dào
贮存脂肪的地方，找不到

shí wù hé shuǐ de qíngkuàng xià tā jiù
食物和水的情况下，它就

kào zhè xiē zhī fáng de dài xiè lái tiáo jié
靠这些脂肪的代谢来调节。

动动小脑筋

问：骆驼的驼峰有什么作用？

答：贮存脂肪。

知识加油站

骆驼的耳朵里有毛，能阻挡风沙进入；骆驼有双重眼睑和浓密的长睫毛，可防止风沙进入眼睛；骆驼的鼻翼还能自由关闭。这些“装备”使骆驼一点也不怕风沙。

cháng jǐng lù wèi shén me bú huì nǎo yì xuè

长颈鹿为什么不会脑溢血

chéng nián cháng jǐng lù shēn gāo mǐ yǐ shàng tóu bù jù lí xīn zàng
成年长颈鹿身高5米以上，头部距离心脏
mǐ wèi le shǐ tóu bù dà nǎo dé dào chōng fèn de xuè yè qí tǐ
3米，为了使头部大脑得到充分的血液，其体
nèi xuè yā gāo dá qiān pà háo mǐ gǒng zhù gāo chū rén de
内血压高达46.55千帕(350毫米汞柱)，高出人的
xuè yā liǎng bèi
血压两倍。

qí tā dòng wù de xuè yā rú guǒ shēng dào rú cǐ gāo dù jiù huì
其他动物的血压如果升到如此高度，就会
lì jí fā shēng nǎo yì xuè rán ér cháng jǐng lù què bú huì jí shǐ zài
立即发生脑溢血。然而长颈鹿却不会，即使在
tā dī tóu hē shuǐ shí yě bú huì chū
它低头喝水时，也不会出
xiàn wēi xiǎn nà me qí ào mì zài
现危险。那么其奥秘在

nǎ lǐ ne
哪里呢？
yuán lái jǐn bēng zài cháng
原来紧绷在长
jǐng lù shēnshang de nà céng sè
颈鹿身上的那层色
cǎi bān lán de pí
彩斑斓的皮
fū chú le yǒu yǐn bì zì
肤除了有隐蔽自
jǐ de gōngnéng wài hái néng qǐ
己的功能外，还能起
tiáo jié xuè yā de zuò yòng dāngcháng
调节血压的作用：当长
jǐng lù dī tóu hē shuǐ shí jǐn jǐn
颈鹿低头喝水时，紧紧
bēng zài tā shēnshang de pí fū jiù huì
绷在它身上的皮肤就会
láo láo gū zhù xuè guǎn bù shǐ xuè yā tū rán
牢牢箍住血管，不使血压突然
shēnggāo ér fā shēngnǎo yì xuè
升高而发生脑溢血。

知识加油站

长颈鹿喜欢群居，一般十多头生活在一起。长颈鹿是胆小善良的动物，每当遇到天敌时，会立即逃跑。当跑不掉时，它那铁锤似的巨蹄就是很有力的武器。

动动小脑筋？

问：长颈鹿身高大约多少？

答：5 米以上。

wèi shén me dà xiàng de bí zi nà me cháng
为什么大象的鼻子那么长

hěn jiǔ hěn jiǔ yǐ qián dì qiú shang jiù chū xiàn le xiàng zhè zhǒng dòng wù
很久很久以前，地球上就出现了象这种动物。

nà shí hou dà xiàng de shēn tǐ bǐ xiàn zài xiǎo duō le bí zi yě méi yǒu zhè
那时候大象的身体比现在小多了，鼻子也没有这

me cháng dà yuē zài wàn nián qián dì qiú shang sì
么长。大约在2000万年前，地球上四

jì chángqīng wēn nuǎn rú chūn gè zhǒngshēng wù shēngzhǎngwàngshèng
季常青，温暖如春，各种生物生长旺盛。

yóu yú shí wù fēng fù yíng yǎng liáng hǎo dà xiàng de shēn tǐ yě yí dài bǐ yí dài zhǎng de dà tóu lí dì miàn de jù lí yě yuè lái yuè yuǎn xíng dòng yě bú nà me líng huó zì rú le
由于食物丰富，营养良好，大象的身体也一代比一代长得大，头离地面的距离也越来越远，行动也不那么灵活自如了。

wèi le shēngcún xià qù dà xiàng de shàngchún màn màn de biàncháng le bí zi yě gēn zhe zhǎngcháng jiǔ ér jiǔ zhī bí zi hé shàngchún hé èr wéi yī jiù chéng le jīn tiān zhè ge yàng zi
为了生存下去，大象的上唇慢慢地变长了，鼻子也跟着长长，久而久之，鼻子和上唇合二为一，就成了今天这个样子。

知识加油站

象栖息于多种环境，尤喜丛林、草原和河谷地带。群居，雄兽偶有独栖。以植物为食，食量极大，每日食量225千克以上。寿命约80岁。

动动小脑筋

问：很久以前，大象的身体比现在大还是小？

答：小。

wèi shén me xiǎo dài shǔ bì xū zài dài zi li shēng huó
为什么小袋鼠必须在袋子里生活

yì bān bǔ rǔ dòng wù de yòu zǎi dōu shì zài mǔ tǐ zhōng fā yù hǎo hòu cái shēng xià lái
一般哺乳动物的幼仔都是在母体中发育好后才生下来。

xiǎo dài shǔ shēng xià lái hái méi fā yù hǎo rú guǒ bú zài mā ma de dài zi li shēng huó jiù huì
小袋鼠生下来还没发育好，如果不在妈妈的袋子里生活就会

sǐ diào
死掉。

dài shǔ mā ma de rǔ tóu zhǎng zài dài zi li xiǎo dài shǔ kě
袋鼠妈妈的乳头长在袋子里，小袋鼠可

yǐ zài dài zi li chī nǎi
以在袋子里吃奶。

xiǎo dài shǔ zhǎng dà yì diǎn er
小袋鼠长大一点儿，

jiù jīng cháng cóng dài zi li pǎo chū lái
就经常从袋子里跑出来。

bú guò rú guǒ tā tīng dào yì
不过，如果它听到一

diǎn er dòng jìng jiù huì pǎo huí mā ma
点儿动静，就会跑回妈妈

de dài zi li zài mā ma de dài
的袋子里。在妈妈的袋

zi li tā gǎn dào ān quán hé wēn nuǎn
子里，它感到安全和温暖。

知识加油站

在野外，当袋鼠被敌人追赶的时候，它们有独特的反击办法。它们背靠大树，尾巴柱地，用有力的后腿狠狠地蹬踢追过来者的腹部。

动动小脑筋？

问：袋鼠妈妈的乳头长在哪里？

答：袋子里。

xī niú wèi shén me hé xiǎo niǎo jiāo péng you
犀牛为什么和小鸟交朋友

yì tóu xī niú yǒu qiān kè zhòng tā pí fū jiān hòu rú tóng
一头犀牛有2800~3000千克重，它皮肤坚厚，如同
pī zhe yì shēn dāo qiāng bú rù de kǎi jiǎ tóu bù yǒu yì zhī wǎn kǒu bān dà de cháng
披着一身刀枪不入的铠甲，头部有一只碗口般大的长
jiǎo rèn hé měngshòu bèi tā yì dǐng dōu yào wán dàn
角，任何猛兽被它一顶都要完蛋。

jù shuō xī niú shuǎ qǐ xìng zi de shí
据说犀牛耍起性子的时
hou bié shuō shì shī zi jiù lián dà
候，别说是狮子，就连大
xiàng yě yào bì ràng sān fēn zhè
象也要避让三分。这
yàng cū bào de jiā huo jū rán
样粗暴的家伙，居然

hé yì zhǒng xiǎo niǎo
和一种小鸟——
xī niú niǎo hěn yǒu
“犀牛鸟”很友
hǎo yuán lái xī niú
好。原来，犀牛
jiān hòu de pí fū cháng
坚厚的皮肤常
cháng zāo shòu jì shēng chóng hé xī xuè chóng de qīn
常遭受寄生虫和吸血虫的侵
hài zhè zhǒng xiǎo niǎo kě yǐ bāng tā xiāo miè hài chóng shǐ xī niú jué
害，这种小鸟可以帮它消灭害虫，使犀牛觉
de hěn shū fu
得很舒服。

动动小脑筋？

问：犀牛的皮肤常遭受什么的侵害？

答：寄生虫和血吸虫。

知识加油站

犀牛在自然界里没有任何天敌，却因犀牛角的极高价值而始终受到人类的大肆捕杀。犀牛的数量已经非常稀少，全部加起来只有2万7千多头，目前全部被列为国际保护动物。

植物世界

wèi shén me zhí wù yǒu bù tóng de yán sè
为什么植物有不同的颜色

xiǎo péng yǒu men yě cháng tīng dào lǜ sè zhí wù lǜ sè shí pǐn zhī shuō cháng jiàn de zhí wù shù cǎo shū cài děng yě dà duō shì lǜ sè de dàn shì yě yǒu yì xiē zhí wù bú shì lǜ sè de lì rú jùn lèi de mó gu

小朋友们也常听到“绿色植物”、“绿色食品”之说。常见的植物，树、草、蔬菜等也大多是绿色的。但是，也有一些植物不是绿色的，例如菌类的蘑菇、

mù ěr děng shǔ yú zhí wù
木耳等，属于植物，
què bú shì lǜ sè shèn zhì lián
却不是绿色，甚至连
yè zi yě méi yǒu gèng bú huì
叶子也没有，更不会
guāng hé zuò yòng
光合作用。

shì jiè shang yǒu
世界上有 4000
zhǒng de mó gu dà duō kě
种的蘑菇，大多可
yǐ chī dàn yǒu shǎo shù yán sè xiān yàn de mó
以吃，但有少数颜色鲜艳的蘑
gu yǒu dú bù néng shí yòng
菇有毒，不能食用。
cǐ wài hǎi dài děng zǎo lèi zhí
此外，海带等藻类植
wù yě bú shì lǜ sè de
物也不是绿色的。

植物体的各种颜色是植物色素所赋予的。植物器官的红、橙、紫等颜色主要是类胡萝卜素和花青素所呈现的颜色。

问：世界上有多少种蘑菇？

答：4000 种。

为什么植物也能睡觉

植物也会睡觉吗？是的，植物也会睡觉。白天，植物的叶子全部伸开，接受太阳照射；晚间，植物的叶子就收拢在一起，这就是休息，也就是睡觉。

知识加油站

花生是一种爱睡觉的植物，它的叶子从傍晚开始，便慢慢地向上关闭，表示要睡觉了。会睡觉的植物还有很多很多，如酢浆草、白屈菜、羊角豆等。

zhí wù shuì jiào kě yǐ fáng yù hán
植物睡觉可以防御寒
lěng shì zì wǒ bǎo hù de yì zhǒng hǎo
冷，是自我保护的一种好
bàn fǎ xiǎo péng yǒu nǐ bù fáng guān
办法。小朋友，你不妨观
chá yí xià shēn biān de zhí wù de yè zi
察一下身边的植物的叶子
huā cǎo zhuāng jia shù mù dōu xíng
（花草、庄稼、树木都行），
kàn kan bái tiān hé yè wǎn yǒu méi yǒu biàn huà
看看白天和夜晚有没有变化？

动动小脑筋

问：植物睡觉有什么作用？

答：可以防御寒冷，保护自我。

zhí wù de wèi dào wèi shén me huì bù yí yàng
植物的味道为什么会不一样

zhí wù zhī suǒ yǐ huì yǒu suān tián kǔ là bù tóng wèi dào
植物之所以会有酸、甜、苦、辣不同味道，
shì yóu yú tā men de xì bāo nèi suǒ hán huà xué wù zhì bù tóng suǒ zhì
是由于它们的细胞内所含化学物质不同所致。
rú guǒ zhí wù xì bāo nèi hán yǒu suān xìng wù
如果植物细胞内含有酸性物
zhì rú cù suān jiǔ shí suān píng guǒ suān níng
质，如醋酸、酒石酸、苹果酸、柠
méngsuān děng nà me tā jiù huì yǒu suān wèi suān
檬酸等，那么它就会有酸味。酸
xìng wù zhì duō cáng zài xì bāo zhì de yè pào li
性物质多藏在细胞质的液泡里。
wèi chéng shú de shuǐ guǒ huì suān yì xiē dàn suí zhe
未成熟的水果会酸一些，但随着
shuǐ guǒ chéng shú xì bāo li de suān xìng wù zhì jiǎn shǎo suān wèi yě huì zhú jiàn jiàng dī
水果成熟，细胞里的酸性物质减少，酸味也会逐渐降低。

rú guǒ zhí wù xì bāo nèi hán yǒu
如果植物细胞内含有
táng lèi rú zhè táng guǒ táng pú tao táng mài yá
糖类，如蔗糖、果糖、葡萄糖、麦芽
táng děng nà me tā jiù huì yǒu tián wèi mǐ fàn xì jiáo
糖等，那么它就会有甜味。米饭细嚼，
yóu yú tuò yè jiāng mǐ fàn zhōng de diàn fěn zhuǎn huà wéi pú tao táng
由于唾液将米饭中的淀粉转化为葡萄糖
le yě gǎn dào tián wèi
了，也感到甜味。

rú guǒ zhí wù xì bāo li hán yǒu mǒu
如果植物细胞里含有某
zhǒng shēng wù jiǎn nà me tā jiù huì yǒu kǔ
种生物碱，那么它就会有苦
wèi rú bǎi hé lián zǐ xīn huáng lián děng
味，如百合、莲子心、黄连等，

知识加油站

涩味是因为植物里含有大量鞣酸，如柿子、橄榄、茶叶等。那些苦不堪言的中药以及其他一些带苦味的植物，含有某些生物碱，如黄连素、金鸡树的金鸡纳碱等。

都是有苦味的植物。

如果植物细胞里含有辣椒素，那么它就会有辣味。生萝卜也有辣味，那是因为含有芥子油所致。

动动小脑筋？

问：植物有哪些不同的味道？

答：酸、甜、苦、辣等。

dì qiú shang wèi hé yǒu nà me duō zhǒng zhí wù
地球上为何有那么多种植物

dì qiú shang dà yuē yǒu duō wàn zhǒng zhí wù zhè xiē zhí
地球上大约有40多万种植物。这些植
wù yǒu de shēngzhǎng zài gāo shān huò píng yuán yǒu de shēngzhǎng zài shuǐ
物，有的生长在高山或平原，有的生长在水
zhōng yǒu de zé shēngzhǎng zài gān hàn de shā mò dì qū
中，有的则生长在干旱的沙漠地区。

zhè me duō zhí wù shì nǎ lǐ lái de ne tā men shì zhú jiàn
这么多植物是哪里来的呢？它们是逐渐
fā zhǎn qǐ lái de dà yuē yì nián qián
发展起来的。大约30亿年前，
dì qiú shang yǐ yǒu le zhí wù zuì chū de
地球上已有了植物。最初的
zhí wù jié gòu jiǎn dān zhǒng lèi hěn shǎo
植物，结构简单，种类很少，
dōu shēng huó zài shuǐ
都生活在水

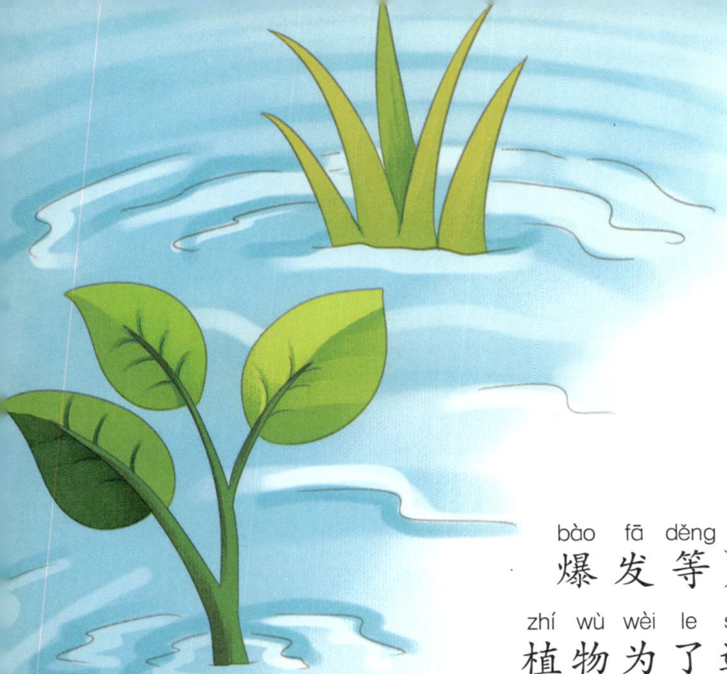

中。后来，有些植物从水中转移到陆地生活。在陆地上，由于气候、地形变化多端（如风雨、冰川、火山爆发等），植物为了适应这种恶劣的环境，于是在形态和构造方面发生了变化。比如，植物在水中时用整个身体表面吸收养料，到陆地上后长出了根、茎、叶，最后出现了花、果实和种

问：地球上大约有多少种植物？

答：40多万种。

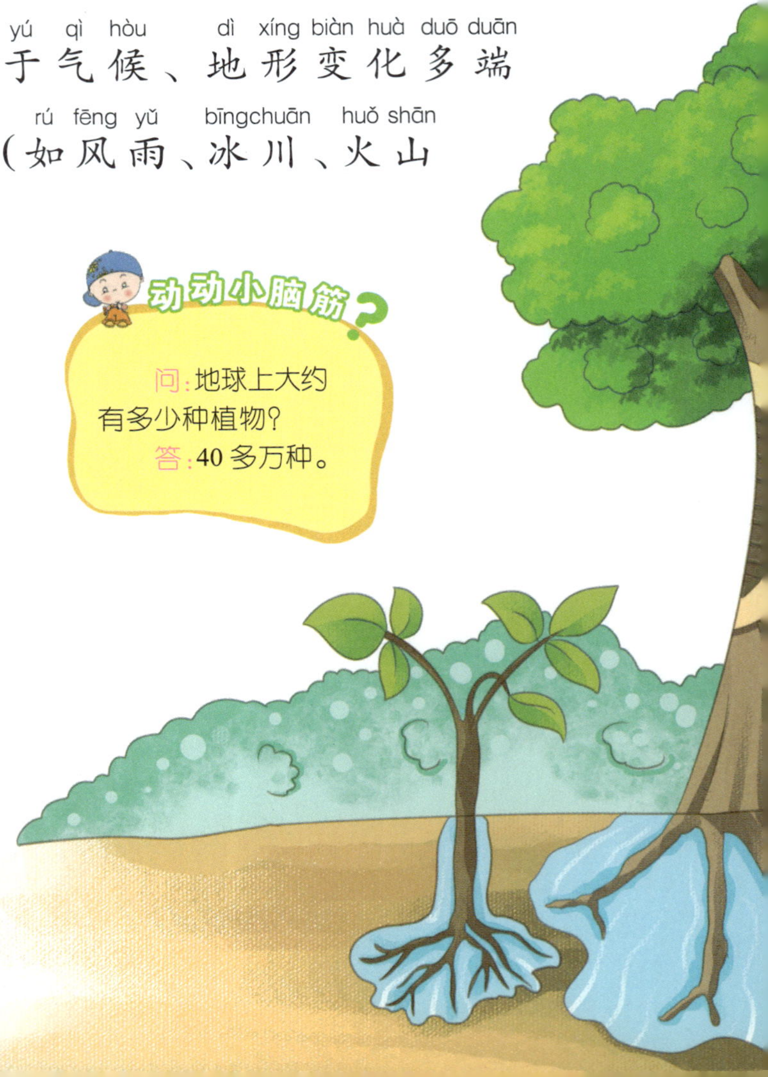

子。在与大自然长期的搏斗中，有的植物不适应环境变化，被淘汰了；有的自身发生变异，变得能适应新的环境，结果被保留下来，变成一种新的植物。还有，由于地球上的高山、海洋、沙漠等阻隔，使一些植物逐渐演变成适应这个地区生长的特有种类。

当然，人也是重要的原因。人们将植物进行杂交，经过选择和培育，就获得了新的品种，如各种农作物、花卉等。

知识加油站

就目前而言，地球上已经被定义、命名的生物约有1000万种左右，然而许多学者估计，全世界仍旧还有 1000 万种生物未被定义、命名，甚至尚未被人发现。

为什么植物会出汗

wèi shén me zhí wù huì chū hàn

在一个夏天的早晨，你会发现偶尔在土豆、西红柿、蚕豆、杨树、柳树等的叶子上或者在嫩绿的杂草上会有一颗颗十分明亮晶莹的小水珠，这就是植物所流出的“汗”珠。

植物出汗也可以叫“吐水”现象，是

知识加油站

植物吐水也是由根压引起的。作物生长健壮，根系活动较强，吐水量也较多，所以，吐水现象可以作为根系生理活动的指标，并能用以判断苗长势的好坏。

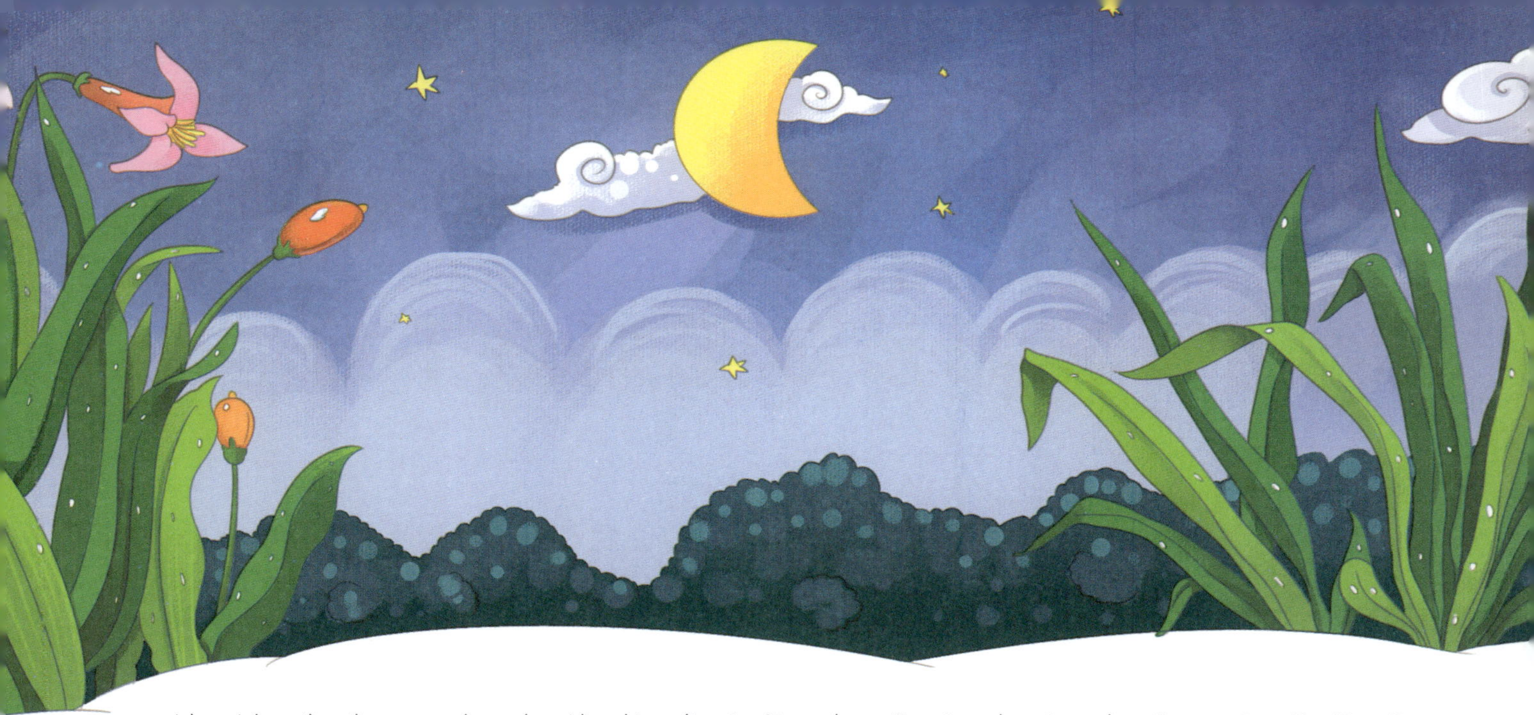

zhèngchángxiàn xiàng yóu qí shì zài méi yǒu fēng ér qiě mēn rè de yè wǎn wēn dù xiāngdāng
正常现象。尤其是在没有风而且闷热的夜晚，温度相当
gāo shī dù yě hěn dà shǐ yè piàn li de shuǐzhēng qì wú fǎ jí shí xiàng wài sàn fā dàn shì
高，湿度也很大，使叶片里的水蒸气无法及时向外散发。但是
zhí wù de gēn yī rán bú duàn de cóng tǔ rǎngzhōng xī qǔ shuǐ fèn zài
植物的根依然不断地从土壤中吸取水分，在
qīng chén de shí hou tài duō de shuǐ fèn yǐ jí qí tā wù zhì jiù huì
清晨的时候，太多的水分以及其他物质就会
cóng yè piàn huò zhě yè piàn biān yuán de shuǐ kǒng xiàng wài liú chū yú
从叶片或者叶片边缘的“水孔”向外流出，于
shì zhí wù jiù zhè yàng chū hàn le
是植物就这样出汗了。

wò shì li duō fàng huā cǎo hǎo bù hǎo

卧室里多放花草好不好

xǔ duō xiǎo péng yǒu de jiā li dōu yǎng zhe huā cǎo
许多小朋友的家里都养着花草，
yī lái kě yǐ zhuāng diǎn fáng jiān li de huán jìng, èr lái
一来可以装点房间里的环境，二来
kě yǐ gǎi shàn kōng qì
可以改善空气。

kě shì dào le yè wǎn, bà ba mā ma huì bǎ
可是到了夜晚，爸爸妈妈会把

问：白天卧室里摆放花草有何作用？

答：可以减少二氧化碳量，增加氧气量。

fàng zhì zài wò shì li de huā cǎo dōu bān chū qù zhè shì wèi shén
放置在卧室里的花草都搬出去，这是为什
me ne
么呢？

huā cǎo hé yě wài de zhí wù yí yàng dōu yào jìn xíngguāng
花草和野外的植物一样，都要进行光
hé zuò yòng bái tiān yángguāngzhào shè dào
合作用。白天阳光照射到
wò shì li huā cǎo yè zi li de yè lǜ sù yǔ shuǐ hé yángguāng yì
卧室里，花草叶子里的叶绿素与水和阳光一
qǐ zài xī shōukōng qì zhōng de èr yǎng huà tàn jìn xíngguāng hé zuò yòng
起，再吸收空气中的二氧化碳，进行光合作用，
zhì zào chū táng lèi hé yǎng qì
制造出糖类和氧气。

suǒ yǐ bái tiān wò shì
所以白天卧室
li bǎi fàng huā cǎo kě
里摆放花草，可
yǐ jiǎn shǎo èr
以减少二
yǎng huà tàn liàng
氧化碳量，
zēng jiā yǎng huà
增加氧化

liàng ér rén hū xī shí hū chū de shì èr yǎng huà tàn
量，而人呼吸时呼出的是二氧化碳，
xī rù de shì yǎng qì
吸入的是氧气。

suǒ yǐ bái tiān bǎ huā cǎo bǎi fàng zài wò shì
所以白天把花草摆放在卧室
li duì rén de jiàn kāng yǒu yì rán ér dào le yè
里，对人的健康有益。然而到了夜
wǎn jiù bù tóng le
晚就不同了。

yè wǎn méi yǒu yángguāng zhí wù bù néng jìn xíngguāng hé zuò
夜晚没有阳光，植物不能进行光合作
yòng xī rù de shì yǎng qì fàng chū de què shì èr yǎng huà tàn
用，吸入的是氧气，放出的却是二氧化碳，
jiā shàng rén hū xī shí hū
加上人呼吸时呼
chū de èr yǎng huà tàn
出的二氧化碳，
wò shì li de èr yǎng huà
卧室里的二氧化
tàn liàng jiù yào zēng jiā duì rén de jiàn kāng hé shuì mián dōu
碳量就要增加，对人的健康和睡眠都
yǒu hài
有害。

知识加油站

虎尾兰和吊兰可吸收室内80%以上的有害气体，吸收甲醛的能力超强。芦荟也是吸收甲醛的好手，可以吸收1立方米空气中所含的90%的甲醛。

zhí wù shì fǒu yǒu xuè xíng
植物是否有血型

rén hé dòng wù dōu yǒu xuè xíng dàn wèi tīng shuō guò zhí wù yě yǒu xuè xíng nián
人和动物都有血型，但未听说过植物也有血型。1983年，
rì běn fǎ yī shān běn zài yì qǐ àn jiàn zhōng ǒu rán fā xiàn qiáo mài pí yǒu xuè xíng cóng ér yán
日本法医山本在一起案件中偶然发现，荞麦皮有血型，从而研

究了500多种植物的果实。他发现苹果、萝卜、草莓、山茶、南瓜等60多种植物是O型血；罗汉松等20多种植物是B型血；荞麦、金银花、李子、单叶枫等是AB型血；只是至今尚未发现A型血的植物。因此，植物也有血型。

知识加油站

植物糖基合成达到一定的长度，在它的尖端就会形成血型物质，然后，合成就停止了。血型物质的黏性大，似乎担负着保护植物体的任务。

O型　　B型　　AB型

zhí wù yè zi de zuò yòng shì shén me
植物叶子的作用是什么

zhí wù de yè zi li yǒu hěn duō lǜ sè de xiǎo kē lì jiào yè lǜ
植物的叶子里有很多绿色的小颗粒，叫叶绿
sù tā shì yè zi zhì zào yǎng liào de yuán liào dàn shì guāng yǒu yè lǜ sù
素，它是叶子制造养料的原料。但是光有叶绿素
hái bù xíng yè zi hái yào yòng qì kǒng
还不行，叶子还要用气孔
cóngkōng qì zhōng xī shōu èr yǎng huà tàn
从空气中吸收二氧化碳，
xī shōu gēn hé jīng shū sòng lái de shuǐ
吸收根和茎输送来的水，
zài yī kào tài yáng
再依靠太阳
guāng de bāng
光的帮
zhù jiù néng
助，就能

动动小脑筋

问：植物叶子里的绿色小颗粒是什么？

答：叶绿体。

知识加油站

1880年，法国植物学家、植物叶绿体的发现者席姆佩尔证明淀粉是植物光合作用的产物。1883年，他经研究发现淀粉只在植物细胞的特定部位形成，并将其命名为叶绿体。

zhì zào chū táng lèi, bāo kuò
制造出糖类，包括

pú tao táng hé diàn fěn, bìng fàng chū yǎng qì lái, zhì zào chū
葡萄糖和淀粉，并放出氧气来，制造出

de yǎng liào bèi shū sòng dào zhí wù gè bù fen de qì guān, gōng shēng
的养料被输送到植物各部分的器官，供生

zhǎng shǐ yòng
长使用。

zhí wù de gēn yǒu hé zuò yòng

植物的根有何作用

zhí wù de gēn shēn shēn zhā rù dì xià

植物的根深深扎入地下，

bìng héng xiàng yán shēn zài tǔ rǎng zhōng xíng chéng páng

并横向延伸在土壤中，形成庞

dà de pán gēn cuò jié de gēn xì

大的盘根错节的根系。

gēn xì gù zhuó zhí wù shàng bù gù chí

根系固着植物上部，固持

shā tǔ fáng zhǐ shuǐ tǔ liú shī gēn xì cóng

沙土，防止水土流失。根系从

tǔ rǎng zhōng xī shōu shuǐ fèn hé wú jī

土壤中吸收水分和无机

yán gōng zhí wù xū yào gēn xì

盐，供植物需要。根系

jiāng yè zi zài rì guāng xià zhì zào de

将叶子在日光下制造的

yǒu jī wù zhù cáng qǐ lái
有机物贮藏起来。

gēn xì hé chéng zhí wù shēng zhǎng fā yù xū yào de ān
根系合成植物生长发育需要的氨
jī suān zhí wù jī sù yǒu jī suān děng bìng yǔ tǔ rǎng
基酸、植物激素、有机酸等，并与土壤
zhōng de xì jūn xíng chéng gòng shēng tǐ jié gòu shǐ zhí wù
中的细菌形成共生体结构，使植物
tóng zhè xiē xì jūn chéng wéi
同这些细菌成为
hù huì hù lì de huǒ bàn
互惠互利的伙伴。

gēn xì hái chéng dān fán zhí
根系还承担繁殖
hòu dài de shǐ mìng rú qiē qǔ
后代的使命，如切取
lǐ shù huò shì shù de yì xiǎo jié gēn
李树或柿树的一小节根
qiān chā hòu jí kě cóng gēn shang zhǎng
扦插后，即可从根上长
chū bú dìng yá bìng yǐ yù
出不定芽，并以育
chéng xīn de zhí zhū
成新的植株。

动动小脑筋？

问：根系能从土壤中吸收什么供植物需要？

答：水分和无机盐。

知识加油站

根还有多种经济用途，它可以食用、药用和做工业原料。甘薯、木薯、萝卜、甜菜等皆可食用，部分可作为饲料。人参、当归、甘草、柴胡、龙胆等可供药用。

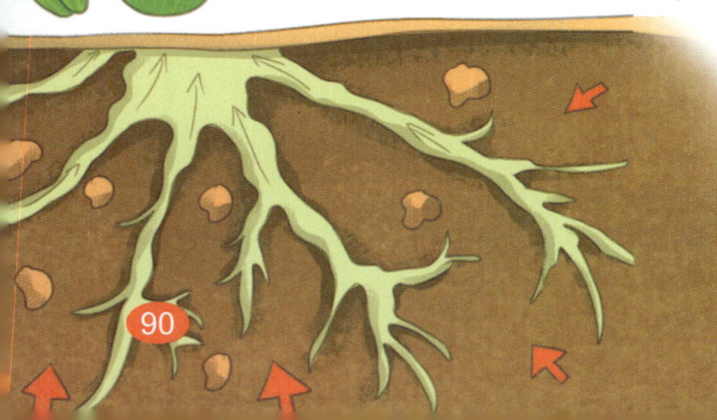

wèi shén me yì duǒ jú huā yóu xǔ duō xiǎo huā zǔ chéng
为什么一朵菊花由许多小花组成

jú huā shì zuì cháng jiàn de huā huì kě shì xǔ duō rén yǐ
菊花是最常见的花卉，可是，许多人以
wéi jú huā sì zhōu yí piàn piàn de shì huā bàn zhōng jiān de shì huā ruǐ
为，菊花四周一片片的是花瓣，中间的是花蕊。
qí shí jú huā shì yóu hǎo duō duǒ xiǎo
其实，菊花是由好多朵小
huā zǔ chéng de jiù xiàng shì yí gè tiān rán huā
花组成的，就像是一个“天然花
lán tā yǒu liǎng zhǒng xiǎo huā sì zhōu de yì
篮”。它有两种小花，四周的一
quān xiǎo huā zhǎng de biǎn biǎn píng píng hěn xiàng shé tou cháng cháng
圈小花长得扁扁平平，很像舌头，常常
bèi rén wù yǐ wéi shì huā bàn zhōng jiān de yì cóng xiǎo
被人误以为是花瓣；中间的一丛小
huā zhǎng de xì xì cháng cháng hěn xiàng xiǎo guǎn zi suǒ
花长得细细长长，很像小管子，所

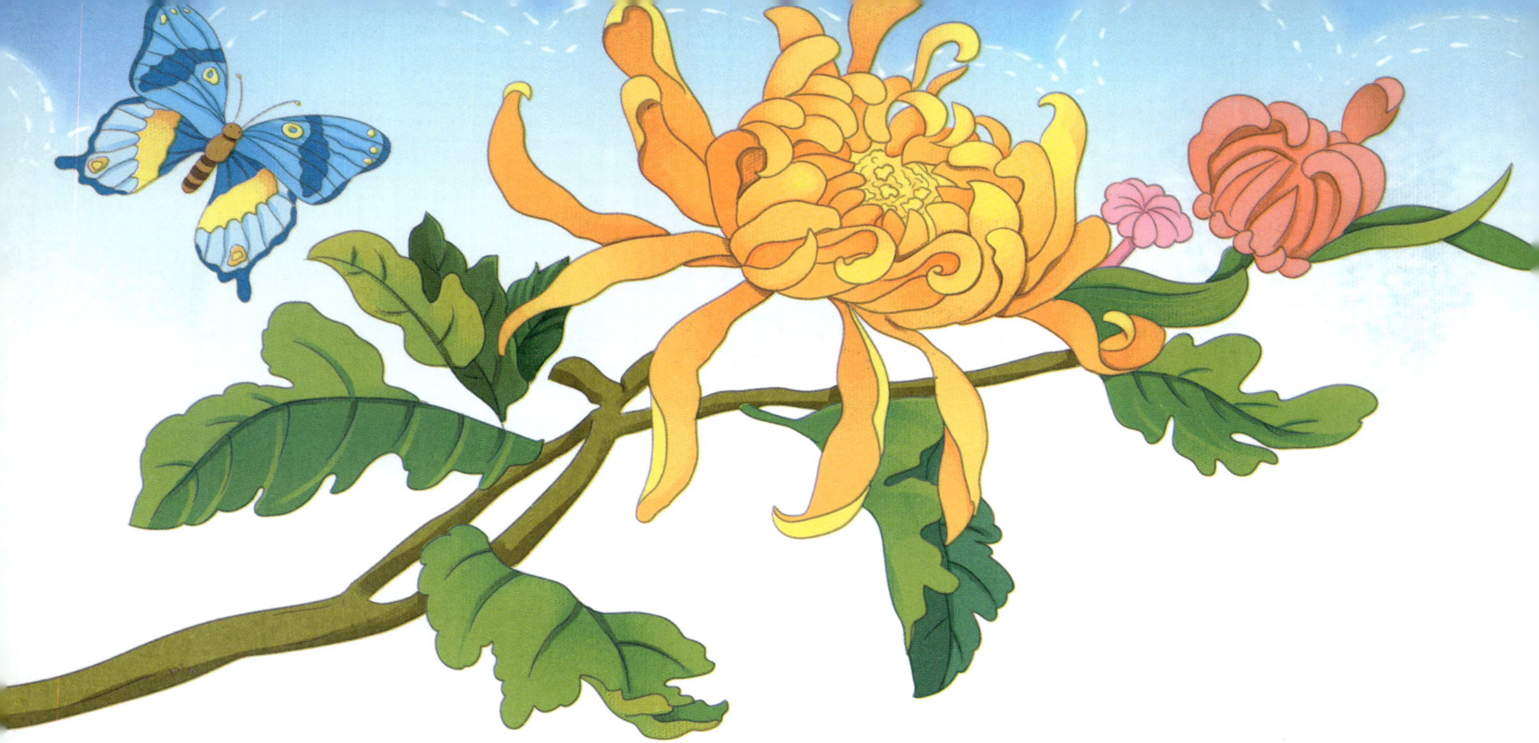

以被当成了花蕊。实际上，每一朵小花里，都有自己的花瓣和花蕊。这些小花整齐地排列起来，就组成了一朵漂亮的大菊花。

动动小脑筋？

问：菊花一般在什么季节开放？

答：秋季。

知识加油站

中国人极爱菊花，从宋朝起民间就有一年一度的菊花盛会。古代神话传说中菊花又被赋予了吉祥、长寿的含义。

有的向日葵花盘为什么特别小

有的向日葵的花盘结得像脸盆那么大，可有的向日葵的花盘只有饭碗那么小。这是怎么回事呢？向日葵的花盘小，大概有这么几种原因：品种不同，花盘的大小也不同；有分枝的向日葵的花盘小，种得太晚，温度不够，花盘就长不大；如果把向日葵

知识加油站

向日葵的花期可达两周以上。它除了外型酷似太阳以外，其花朵明亮大方，适合观赏摆饰。

zhòng zài yángguāng bù zú de dì fang
种在阳光不足的地方，
huò zhě zhòng de tài mì shài bú dào
或者种得太密，晒不到
tài yáng huā pán yě jié bú dà
太阳，花盘也结不大；
féi shuǐ tài duō yě huì shǐ xiàng rì
肥水太多，也会使向日
kuí guāng zhǎng jīng yè hěn wǎn cái jié
葵光长茎叶，很晚才结
huā pán huā pán yě zhǎng de bú dà
花盘，花盘也长得不大。

动动小脑筋

问：有分枝的向日葵的花盘是小是大？
答：小。

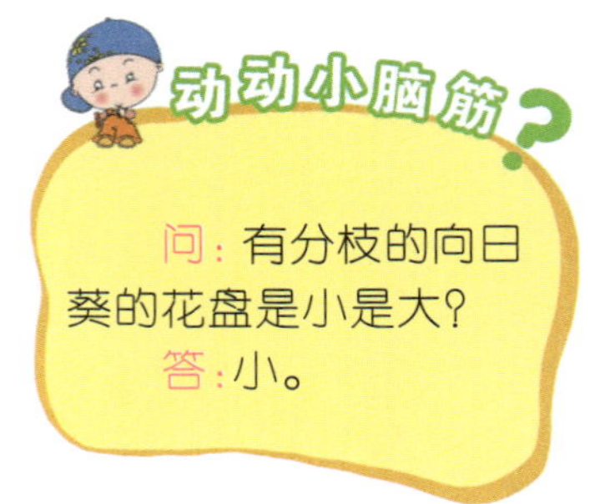

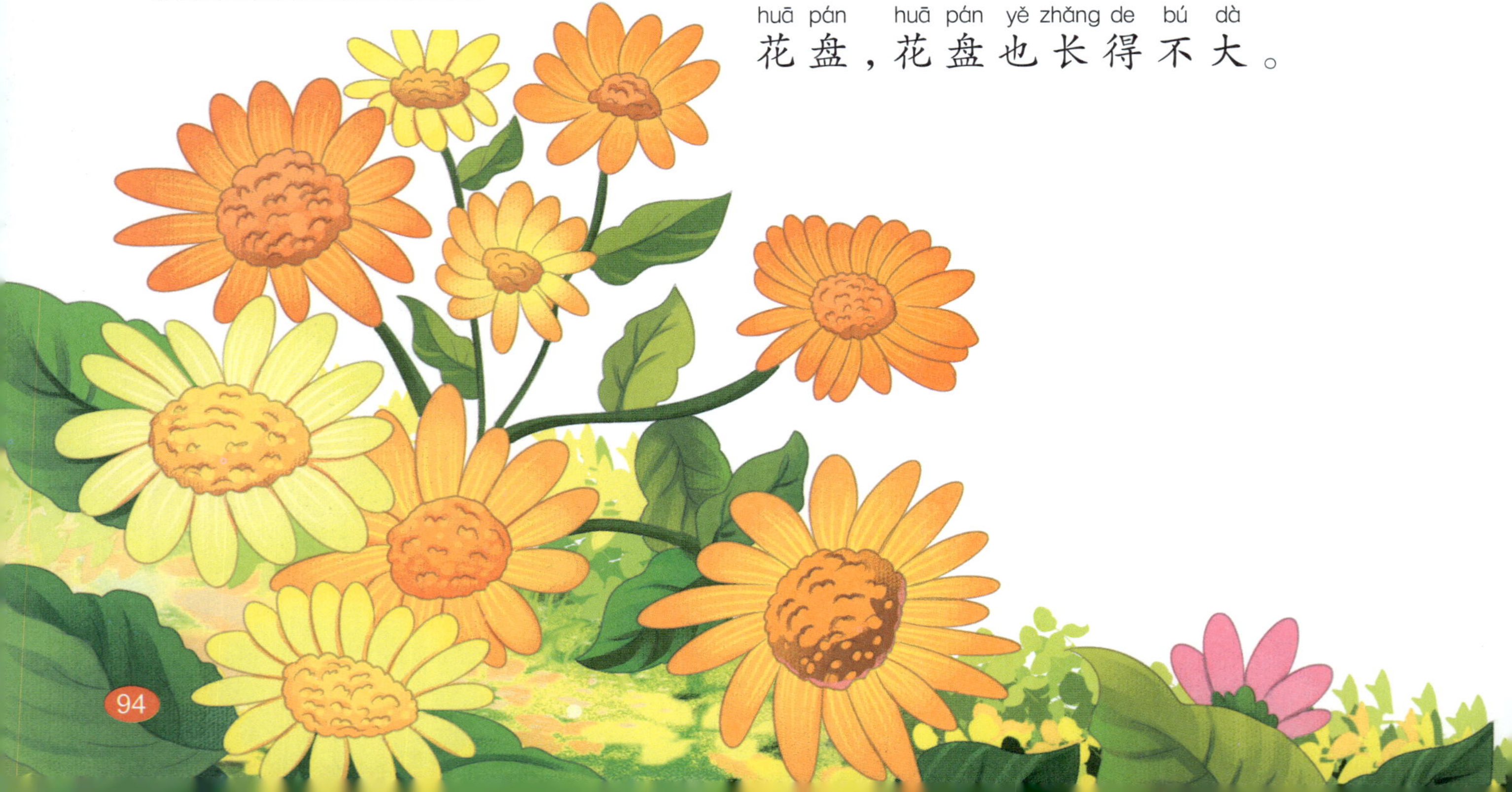

rú hé ràng tán huā zài bái tiān kāi fàng

如何让昙花在白天开放

tán huā yì bān dōu zài
昙花一般都在
wǎnshang kāi fàng rú guǒ yào
晚上开放。如果要
tā zài bái tiān kāi fàng kě
它在白天开放，可
zài tā yào kāi huā de qián jǐ
在它要开花的前几
tiān gǎi biàn tā de jiàn guāng
天，改变它的见光
xí guàn bái tiān jiāng tā fàng
习惯：白天将它放
zài hēi àn zhōng wǎnshang gěi
在黑暗中；晚上给
tā zhàoguāng zhè yàng jǐ tiān
它照光。这样几天

后，昙花就在白天开出美丽的花朵了。为什么这样做就可以改变昙花开放的时间呢？

这是因为温度和每天光照时间的长短，是影响植物开花的重要外部条件，只要根据不同植物的不同开花个性，满足上述两方面的条件，就可诱发植物开花，从而改变它们的开花时间。

问：昙花一般都在什么时间开放？

答：晚上开放。

知识加油站

昙花享有“月下美人”之誉。当花渐渐展开后，过1～2小时又慢慢地枯萎了，整个过程仅4个小时左右。故有“昙花一现”之说。

wèi shén me shuǐ xiān zāi zài shuǐ li néng kāi huā
为什么水仙栽在水里能开花

zài zì rán jiè jué dà duō shù zhí wù dōu yī kào tǔ rǎng shēngzhǎng yóu gēn cóng tǔ rǎng li xī shōu shuǐ hé yǎng liào gōng zhí wù xū yào dàn shuǐ xiān zhè zhǒng měi lì de huā què zāi zài shuǐ pén li jiù néng huó ér qiě néng kāi huā

在自然界，绝大多数植物都依靠土壤生长，由根从土壤里吸收水和养料，供植物需要。但水仙这种美丽的花，却栽在水盆里就能活，而且能开花。

shuǐ xiān zāi zài shuǐ li yào kào nà ge xiàngyángcōng tóu yí yàng de lín jīng tí gōng yíng yǎng

水仙栽在水里，要靠那个像洋葱头一样的鳞茎提供营养。

鳞茎是在土壤里培育出来的，通常在水仙花的鳞茎周围分出一些小鳞茎，把它们剥下来，在9～10月份栽种下去，长出新苗。前后大约经过2～3年，当新苗的鳞茎长大以后，把它挖出来就可以栽在水盆里了。由于培育的时间长，

知识加油站

水仙花朵秀丽，叶片青翠，花香扑鼻，清秀典雅，已成为世界上有名的冬季室内和花园里陈设的花卉之一。

lín jīng li jī jù de yíng yǎng shí fēn
鳞茎里积聚的营养十分
fēng fù zú gòu shuǐ xiān zài shuǐ li
丰富，足够水仙在水里
shēngzhǎng shǐ yòng dāng huán jìng de yáng
生长使用，当环境的阳
guāng hé
光和
wēn dù shì yí tā jiù huì kāi huā
温度适宜，它就会开花。
hái yǒu yì zhǒng péi yù lín jīng
还有一种培育鳞茎
de fāng fǎ bǎ zhǒng zi bō zhòng xià qù
的方法：把种子播种下去，
děng xīn miáozhǎngchéng yǐ hòu bǎ xiǎo lín
等新苗长成以后，把小鳞
jīng wā chū lái liàng gān dào lái nián zài zhòng xià qù zhè yàng fǎn fù
茎挖出来晾干，到来年再种下去，这样反复，
jīng guò nián yě néng dé dào yí gè dà lín jīng zāi
经过3～5年也能得到一个大鳞茎，栽
zài shuǐ pén li jiù néngshēngzhǎng kāi huā
在水盆里就能生长开花。

动动小脑筋

问：水仙栽在水里，要靠什么提供营养？

答：那个像洋葱头一样的鳞茎。

huā de xiāng wèi shì zěn yàng chǎnshēng de

花的香味是怎样产生的

huā de xiāng wèi lái zì huā bàn nèi de yóu xì bāo yǒu xiē huā zhōng de yóu xì bāo kě yǐ
花的香味来自花瓣内的油细胞。有些花中的油细胞可以
fēn mì chū fāng xiāng yóu jīng guò huī fā jiù huì jiāng xiāng wèi kuò sàn dào kōng zhōng zhè jiù shì
分泌出芳香油。经过挥发，就会将香味扩散到空中，这就是
huā sàn fā chū lái
花散发出来
de xiāng wèi yáng
的香味。阳
guāng yuè hǎo fāng
光越好，芳
xiāng yóu jiù huī fā
香油就挥发
de yuè duō yuè kuài
得越多越快，
xiāng wèi yě jiù yuè
香味也就越

浓。产生香味的另一类物质是糖苷体．它本身虽然没有香味，但被分解后也可以散发出香味来。

知识加油站

芳香油又称植物精油，可防传染病、对抗细菌、病毒、真菌，可防发炎、防痉挛、促进细胞新陈代谢及细胞再生功能，让生命更美好。而某些精油能调节内分泌器官，促进荷尔蒙分泌。

在散发香味的花朵中，不同的花含有不同的芳香油，因此，散发出的香味也就各不相同。

问：花能散发香味是因为有哪些物质？

答：芳香油或糖苷体。

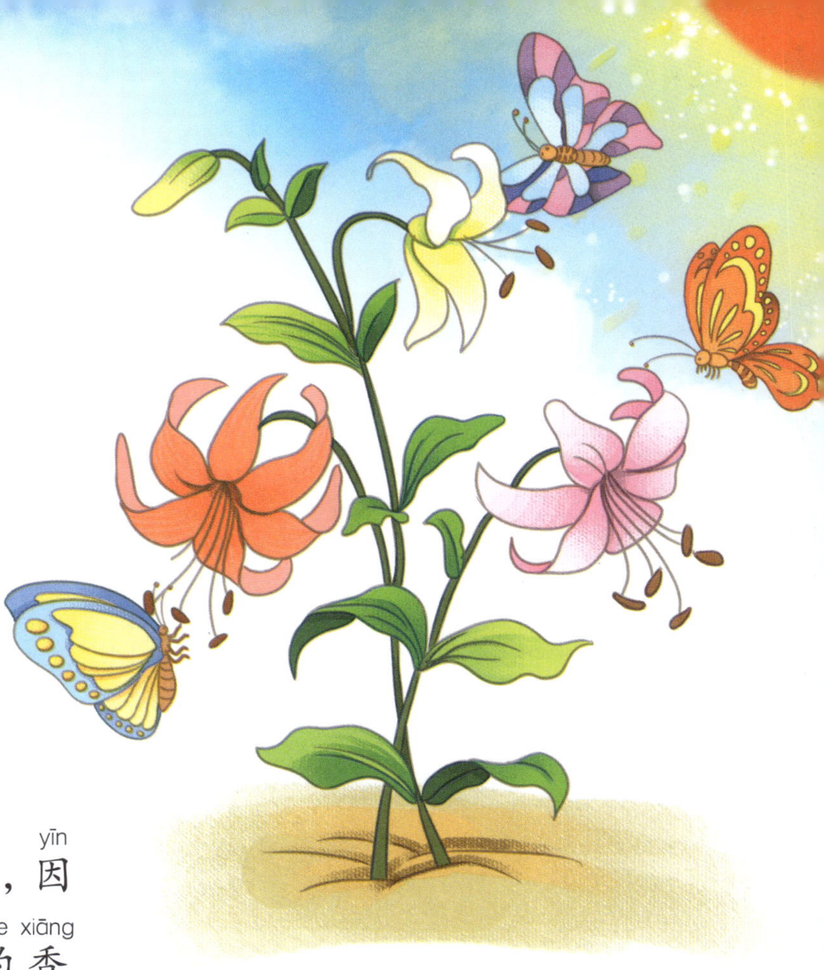

wú huā guǒ zhēn de bù kāi huā ma
无花果真的不开花吗

yí bān de huā shì yóu huā tuō huā guān cí ruǐ xióng ruǐ sì bù fen zǔ chéng yóu huā
一般的花是由花托、花冠、雌蕊、雄蕊四部分组成。由花

tuō bǎ huā guān cí ruǐ xióng ruǐ jǔ de gāo gāo de kàn qǐ lái xiān yàn duó mù wú huā guǒ
托把花冠、雌蕊、雄蕊举得高高的，看起来鲜艳夺目。无花果

de huā tuō zhǎng de
的花托长得
hěn tè bié dǐng
很特别，顶
duān shēn āo jìn qù
端深凹进去，
xíng chéng yí gè kuān
形成一个宽
dà de fáng zi
大的“房子”，

huā yǐn cáng zài zhè ge féi dà de náng zhuàng huā tuō nèi rén men kàn
花隐藏在这个肥大的囊状花托内，人们看
bu jiàn suǒ yǐ cuò wù de yǐ wéi wú huā guǒ shì bù kāi huā de
不见，所以错误地以为无花果是不开花的。
wú huā guǒ de míng zi yě jiù jiāng
无花果的名字也就将
cuò jiù cuò de chuán le xià lái qí
错就错地传了下来。其
shí wú huā guǒ shì kāi le huā zài
实，无花果是开了花再
jiē guǒ de
结果的。

知识加油站

无花果不但有着丰富的营养成分，还具有很高的药用价值。能够健胃、清肠、消肿解毒，可以用来治疗肠炎、痢疾、便秘、痔疮、喉痛及痈疮疥癣等。孕妇宜常吃适量的无花果。

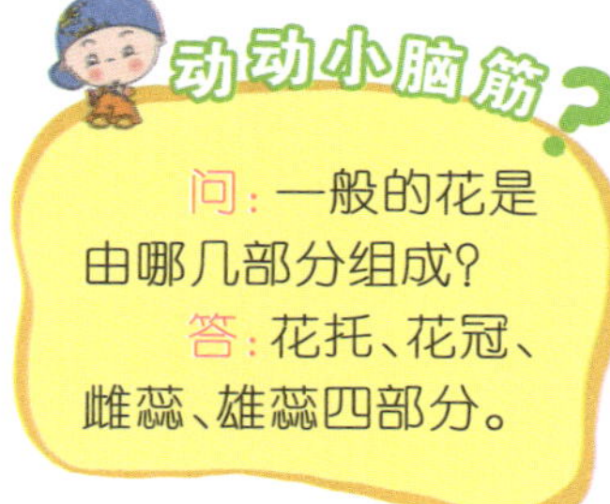

qiān niú huā wèi shén me néng pān pá
牵牛花为什么能攀爬

qiān niú huā shì pān yán zhí wù dāng yòu miáo zhǎng
牵牛花是攀沿植物，当幼苗长
chū lái de shí hou zài páng biān chā yì gēn zhú gān huò zhě
出来的时候，在旁边插一根竹竿或者
shù zhe lā yì gēn shéng zi jǐ tiān yǐ hòu tā jiù huì
竖着拉一根绳子，几天以后，它就会
chán rào zài zhú gān huò shéng zi shang yuè chán yuè gāo zuì gāo néng
缠绕在竹竿或绳子上，越缠越高，最高能
pá jǐ mǐ
爬几米。

zǐ xì guān chá huì fā xiàn pān pá zhōng de qiān niú huā tā de jīng shang běn lái tū chū de
仔细观察会发现，攀爬中的牵牛花，它的茎上本来凸出的
bù fen guò yí duàn shí jiān jiù fā shēng le biàn huà jiàn jiàn de āo le jìn qù tóng shí tā yòu
部分，过一段时间就发生了变化，渐渐地凹了进去，同时它又
zài zuò xuán zhuǎn de yùn dòng yuán lái qiān niú huā de shēn tǐ li hán yǒu yì zhǒng shēng zhǎng sù
在做旋转的运动。原来，牵牛花的身体里含有一种生长素，

这种生长素有时能加速细胞的生长，有时又会阻止细胞生长。

这种生长素在牵牛花体内分布多少不同，就使茎各部分细胞生长速度不一样。有的时候一边的生长素多了，这一边就长得快；有时另一边生长素多了，那一边就长得快。这样就使牵牛花的茎旋转生长，缠绕着竹竿和绳子向上“爬”去。

牵牛花生性强健，喜欢气候温和、光照充足、通风适度的环境。对土壤适应性强，较耐干旱盐碱，不怕高温酷暑，属深根性植物。

动动小脑筋

问：牵牛花是攀沿植物吗？

答：是的。

荷花为何能出淤泥而不染

夏天，在我国南方的许多湖泊中，生长着一望无际的荷花。那碧玉盘似的荷叶，那亭亭玉立的荷花，使人大有“连天莲叶无穷碧，映日荷花别样红”的慨叹！

荷花是我国十大名花之一，它“出

知识加油站

荷花原产于亚洲南部广大地带，从越南到阿富汗都有，一般分布在中亚、西亚、北美、印度、中国、日本等亚热带和温带地区，中国早在三千多年前即有栽培。

yū ní ér bù rǎn
淤泥而不染，
zhuó qīng lián ér bù
濯清涟而不
yāo zài rén men xīn zhōng hé huā
妖”。在人们心中，荷花
shì gāo guì chún jié de xiàngzhēng nà
是高贵纯洁的象征。那
me hé huā de huā yè wèi shén me néng
么荷花的花叶为什么能
chū yū ní ér bù rǎn ne yuán lái tā de wài biǎo céng bù
“出淤泥而不染”呢？原来，它的外表层布
mǎn le là zhì ér qiě yǒu xǔ duō rǔ tóu zhuàng de tū qǐ tū qǐ
满了蜡质，而且有许多乳头状的突起，突起
zhī jiān chōngmǎn zhe kōng qì dǎng zhe wū ní zhuó shuǐ de shèn rù dāng
之间充满着空气，挡着污泥浊水的渗入。当
tā de yè yá hé huā yá cóng yū ní zhōngchōu chū lái de shí hou
它的叶芽和花芽从淤泥中抽出来的时候，
yóu yú tā de biǎo céng yǒu là zhì
由于它的表层有蜡质
bǎo hù zhe wū ní zhuó shuǐ
保护着，污泥浊水
hěn nán zhān fù
很难沾附

上去，即使有少量的污泥沾附在叶芽或花芽上，也被荡动的水波冲洗干净，待到挺出水面时，自然是光洁可爱的花叶了。

荷花浑身是宝，莲子是一种滋补品；藕是营养丰富的蔬菜；荷叶清香宜人，是做特色食品的辅料，它还可入药，可治疗高血压等许多疾病。

动动小脑筋？

问：荷花有何象征意义？

答：象征高贵纯洁。

yù lán huā wèi shén me xiān kāi huā hòu zhǎng yè

玉兰花为什么先开花后长叶

zài zhà nuǎn huán hán de zǎo chūn shí jié yù lán jiù kāi chū le
在乍暖还寒的早春时节，玉兰就开出了
měi lì de huā duǒ huā er kāi fàng le hǎo jiǔ yè zi cái màn màn
美丽的花朵。花儿开放了好久，叶子才慢慢
zhǎng chū lái
长出来。

yù lán wèi hé xiān kāi huā ér hòu yè zi cái shān shān chū lái
玉兰为何先开花，而后叶子才姗姗出来
ne yuán lái yù lán de huā yá yǔ yè bāo kuò zhī yá shì fēn
呢？原来，玉兰的花芽与叶(包括枝)芽是分
kāi de huā yá dà shēng zhǎng zài zhī
开的。花芽大，生长在枝
dǐng zài dī wēn xià jí kě kāi huā
顶，在低温下即可开花，
yīn cǐ zài tóu nián de dōng jì jiù kě
因此在头年的冬季就可

yǐ zài zhī tóu kàn dào tā děng dào chūn tiān
以在枝头看到它。等到春天
qì wēn shāo nuǎn huo shí tā jiù kāi fàng le ér
气温稍暖和时，它就开放了。而
yè yá xū yào jiào gāo de qì wēn cái néng zhǎng chū yè
叶芽需要较高的气温才能长出叶
piàn suǒ yǐ shēng zhǎng bǐ huā yá chí huǎn
片，所以生长比花芽迟缓。
yù lán huā
玉兰花
de zhè yì xí xìng
的这一习性，
yǔ qí shēng zhǎng de
与其生长的
huán jìng yǒu guān tóng tā
环境有关，同它
zǔ xiān de xíng chéng jí hòu
祖先的形成及后
dài de yǎn huà yě yǒu hěn dà
代的演化也有很大
guān xì xiān kāi huā hòu zhǎng yè de zhí wù hái yǒu là méi yíng chūn
关系。先开花后长叶的植物还有腊梅、迎春
huā děng zhí wù
花等植物。

知识加油站

玉兰花白如玉，花香似兰，其树型魁伟，高者可超过 10 米，树冠卵形，大型叶为倒卵形，先端短而突尖，基部楔形，表面有光泽。

问：玉兰花是先开花后长叶吗？

答：是的。

康乃馨为什么被称为“母爱花”

康乃馨又叫香石竹、麝香石竹，它的花是单生或2~3朵簇生的，香味较淡，颜色很多，常见的有白、黄、红、紫红等颜色，还

知识加油站

康乃馨作为花卉名称，是英文Carnation一词的音译词，它是一种大量种植的石竹科，石竹属多年生植物。通常开重瓣花，花色多样且鲜艳，气味芳香。

有的是两种或两种以上不同的色彩。

康乃馨被人们视为“母爱花”，这要追溯到1934年5月美国首次发行的母亲节纪念邮票。邮票上有位母亲，双手放在膝盖上，眼睛凝视着一束美丽的康乃馨。从那以后，许多人便把母亲和康乃馨联系在一起了。每年的母亲节，人们为了表达对伟大母亲的热爱之情，会把红色的康乃馨献给健在的母亲，把白色的康乃馨献给已故的母亲。

动动小脑筋

问：献给健在母亲的康乃馨应是什么颜色？

答：红色。

wèi shén me mó gu shēngzhǎng bù xū yào yángguāng
为什么蘑菇生长不需要阳光

mó gu shì jǐ zhǒng kě shí yòng zhēn jūn de lóng tǒngchēng
蘑菇是几种可食用真菌的笼统称
fǎ tā men hán yǒu shí fēn fēng fù de yíng yǎng yǐ jí duō zhǒng
法，它们含有十分丰富的营养以及多种
ān jī suān chī qǐ lái kǒu wèi xiān měi bèi měi yù wéi sù
氨基酸，吃起来口味鲜美，被美誉为素
zhōng zhī hūn shì rén men xǐ ài de shí pǐn zhī yī
中之荤，是人们喜爱的食品之一。

mó gu yòu shì yì zhǒng shí fēn qí
蘑菇又是一种十分奇
guài de zhí wù shuō tā qí guài shì
怪的植物。说它奇怪，是
jiù tā de wài xíng ér shuō de
就它的外形而说的，
yǒu de tǐng bá xiù lì yǒu
有的挺拔秀丽，有

de què wài mào chǒu lòu yǒu de dà
的却外貌丑陋；有的大
rú zǎo pén yǒu de què xiǎo rú yuán dīng yǒu
如澡盆，有的却小如圆钉；有
de wèi dào rú jī ròu yǒu de wèi dào xiàng
的味道如鸡肉，有的味道像
là jiāo
辣椒。

cóng mó gū de shēngzhǎng xí xìng
从蘑菇的生长习性
lái shuō mó gu tōngcháng xǐ huanzhǎng zài yīn àn de dì fang bìng
来说，蘑菇通常喜欢长在阴暗的地方，并
qiě bù xū yào yángguāng zhè shì wèi shén me ne
且不需要阳光。这是为什么呢？

yuán lái mó gu shǔ yú yí lèi hào qì xìng de fǔ shēngzhēn
原来，蘑菇属于一类好气性的腐生真

知识加油站

中国的毒蘑菇（毒菌）种类多，分布广泛，资源丰富。在广大山区农村和乡镇，误食毒蘑菇中毒的事例比较普遍，几乎每年都有严重中毒致死的报告。

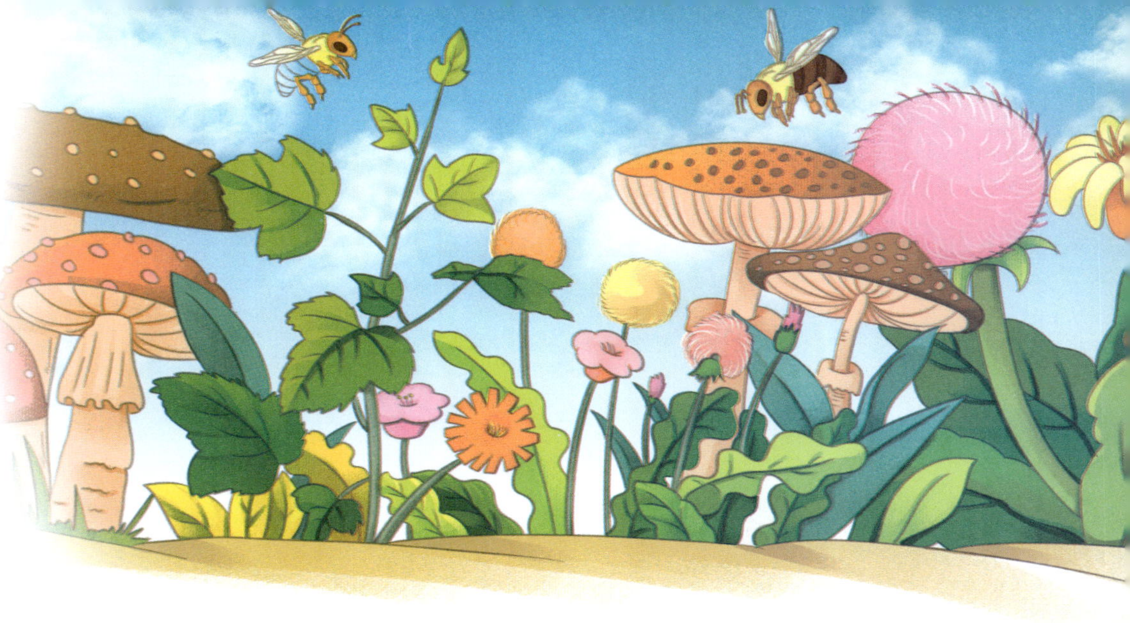

菌，而且它没有叶绿素，也不像一般绿色植物那样依靠光合作用来制造出有机物质以便供自己的生长需要，而是依靠吸取培养其中一些现有的有机物质和矿物盐开始生长繁殖。正因为蘑菇具备了这种十分特别的生理机能及构造，因此蘑菇不需要阳光照样可以生长。

问：蘑菇通常喜欢长在什么环境中？

答：阴暗的地方。

wèi shén me hěn shǎo jiàn dào hēi sè huā

为什么很少见到黑色花

huā er wǔ yán liù sè, kě shì hěn shǎo jiàn dào hēi sè de huā, zhè lǐ miàn yǒu liǎng ge yuán yīn。

花儿五颜六色，可是很少见到黑色的花，这里面有两个原因。

shǒu xiān, shì yīn wèi hēi sè bú yì fǎn guāng, bù fēn duō shǎo de jiāng suǒ dé yáng guāng quán

首先，是因为黑色不易反光，不分多少地将所得阳光全

花卉品种繁多，花色万紫千红，五彩缤纷，唯有黑花稀有少见。据统计，全球4100多万种植物中，只有8种开黑色花。

pán zhào shōu suǒ yǐ hěn róng yì bèi tài duō de rè liàng tàng huài
盘照收，所以很容易被太多的热量烫坏；qí cì shì yīn wèi huā cháng kào kūn chóng chuán fěn cái néng fán zhí hòu dài
其次是因为花常靠昆虫传粉才能繁殖后代，ér kūn chóng dà dōu bù xǐ huan hēi sè
而昆虫大都不喜欢黑色，yīn ér hēi sè de huā shēng cún fán yǎn de jī huì jiù shǎo de duō
因而黑色的花生存繁衍的机会就少得多，wǒ men yě jiù hěn nán kàn dào le
我们也就很难看到了。

问：植物很少开黑色花与昆虫有关吗？

答：有关，因为昆虫大都不喜欢黑色。

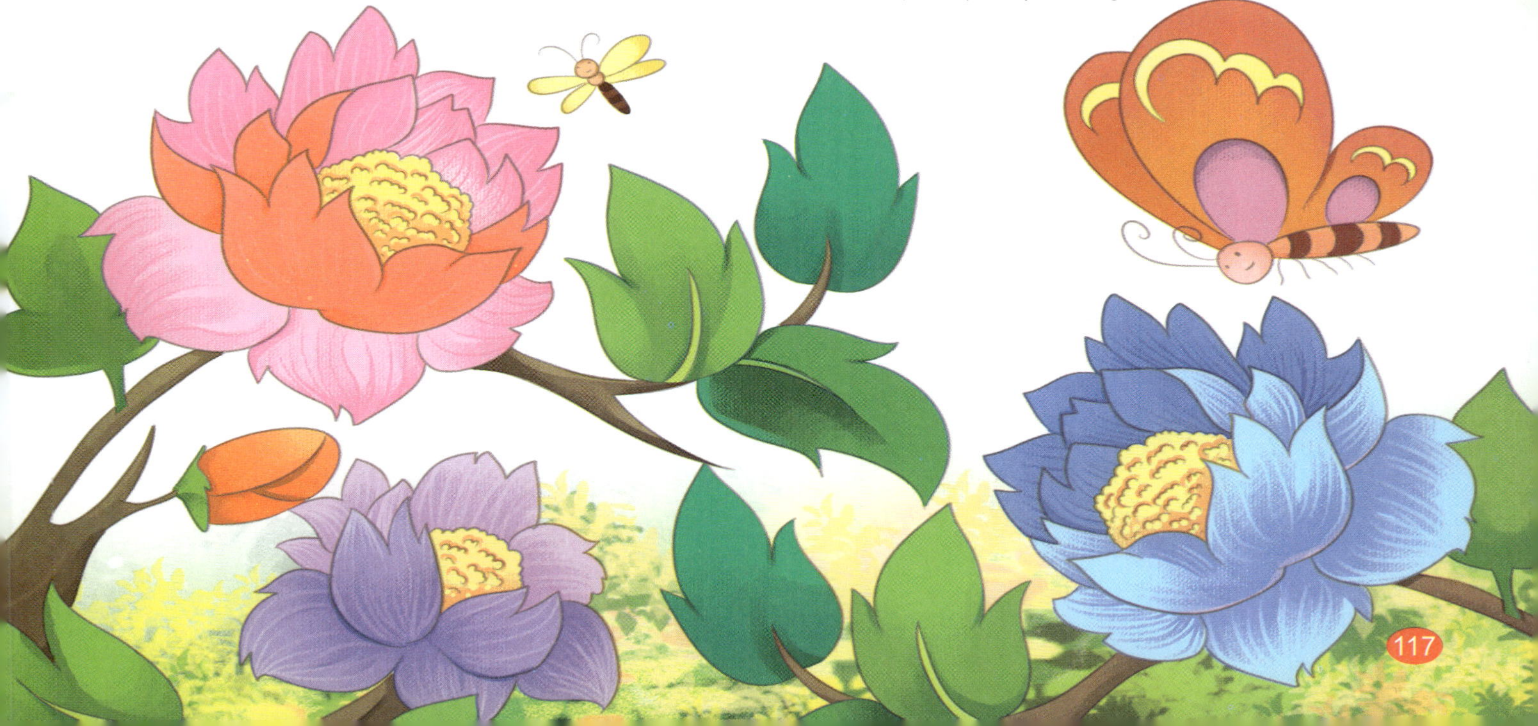

shù de nián lún shì zěn me xíngchéng de
树的年轮是怎么形成的

zài bèi kǎn fá de shù zhuāngshang yǒu xǔ duō
在被砍伐的树桩上有许多
tóng xīn yuán bèi chēng wéi nián lún nà me nián lún
同心圆，被称为年轮。那么年轮
shì zěn yàng xíngchéng de ne
是怎样形成的呢？

yuán lái zài shù pí yǔ mù zhì zhī jiān yǒu
原来，在树皮与木质之间，有
yì céng xì bāo jiào xíngchéngcéng dōng jì tiān qì
一层细胞叫形成层。冬季，天气
hán lěng gān zào xíngchéngcéng xì bāo chǔ yú xiū mián
寒冷干燥，形成层细胞处于休眠
zhuàng tài chūn xià qì wēn gāo shuǐ fèn chōng zú
状态；春夏，气温高，水分充足，
xíngchéngcéng xì bāo huó yuè fēn huà de dǎo guǎn fēn
形成层细胞活跃，分化的导管分

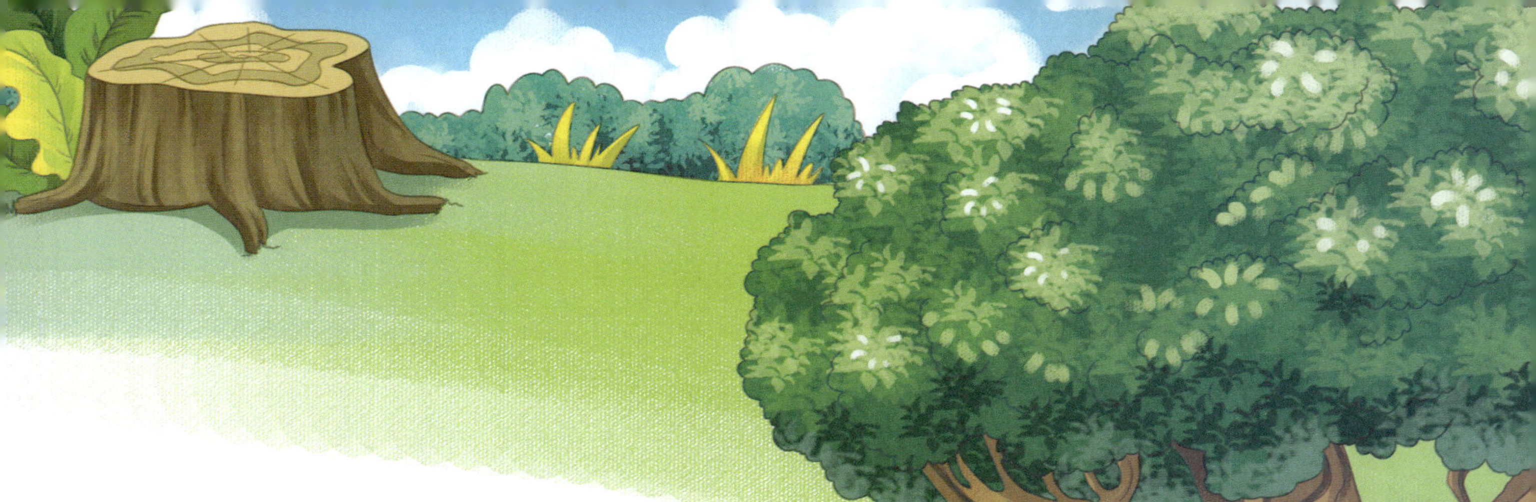

子多，直径大，管壁薄，木材质地疏松，被称为“早材”或“春材”；秋季，气温逐渐变冷，形成层细胞活动逐渐减弱，分化的导管分子相应减少，且直径小，管壁也厚，木纤维多，木材质地紧密，称之为“晚材”或“秋材”。同一年中的早材和晚材合起来形成圈，叫做年轮。

由于一年之内的早材与晚材是逐渐变化

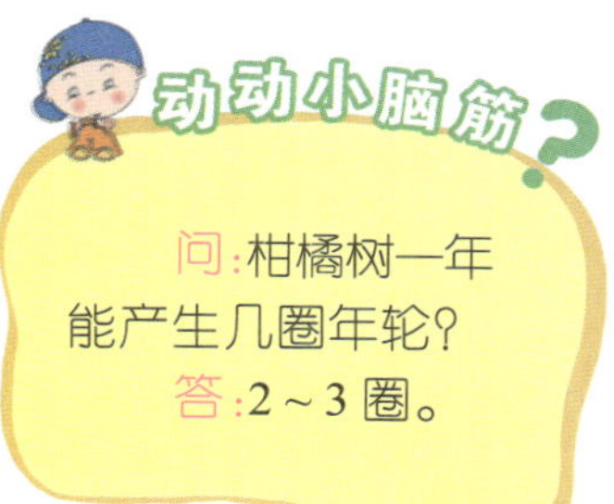

的，两者之间无明显界线；但是上一年的晚材同下一年的早材之间却有极清晰的分界，这就产生了易于辨认的年轮。

在辨认年轮时，要注意假年轮。柑橘树一年能产生2～3圈轮；因气候聚变或发生病害，树的年轮可能被打乱；在季节性不明显的地区，树的年轮也不明显，但是人们仍可用化学的方法辨认。

知识加油站

树的年轮如今已成为科学家研究的一个重要领域。通过年轮，人们不仅可以测定许多事物发生的年代，还能测知过去发生的地震、火山爆发和气候变化。

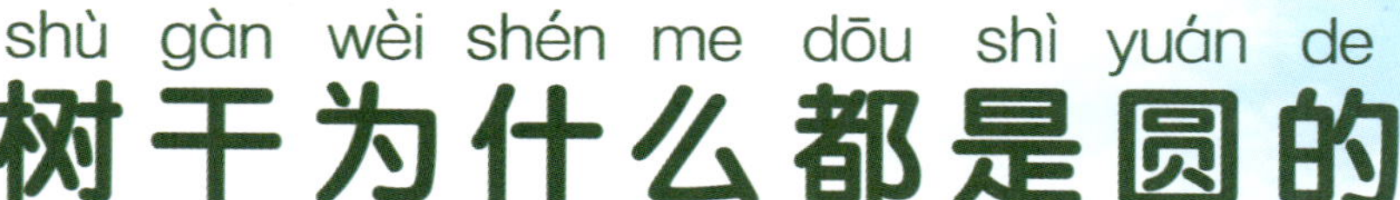

shù gàn wèi shén me dōu shì yuán de

树干为什么都是圆的

shǒu xiān xiāngděng zhōucháng de tú xíngzhōng yuán de miàn jī
首先，相等周长的图形中，圆的面积
zuì dà suǒ yǐ yuán xíng gànzhōng de dǎo guǎn hé shāi guǎn
最大，所以圆形干中的导管和筛管
de fēn bù shù liàng bǐ fēi yuán xíng gàn de duō yīn
的分布数量，比非圆形干的多，因
ér shū sòng shuǐ fèn hé yǎng liào de néng lì yě jiù zuì
而输送水分和养料的能力也就最
dà yǒu lì yú shù mù shēngzhǎng qí cì yuán zhù
大，有利于树木生长；其次，圆柱
xíng shù gàn de róng jī yě zuì dà jù yǒu
形树干的容积也最大，具有
zuì dà de zhī chí lì kě yǐ zhī chēng gāo
最大的支持力，可以支撑高
dà ér chénzhòng de shù guān dì sān yuán xíng
大而沉重的树冠；第三，圆形

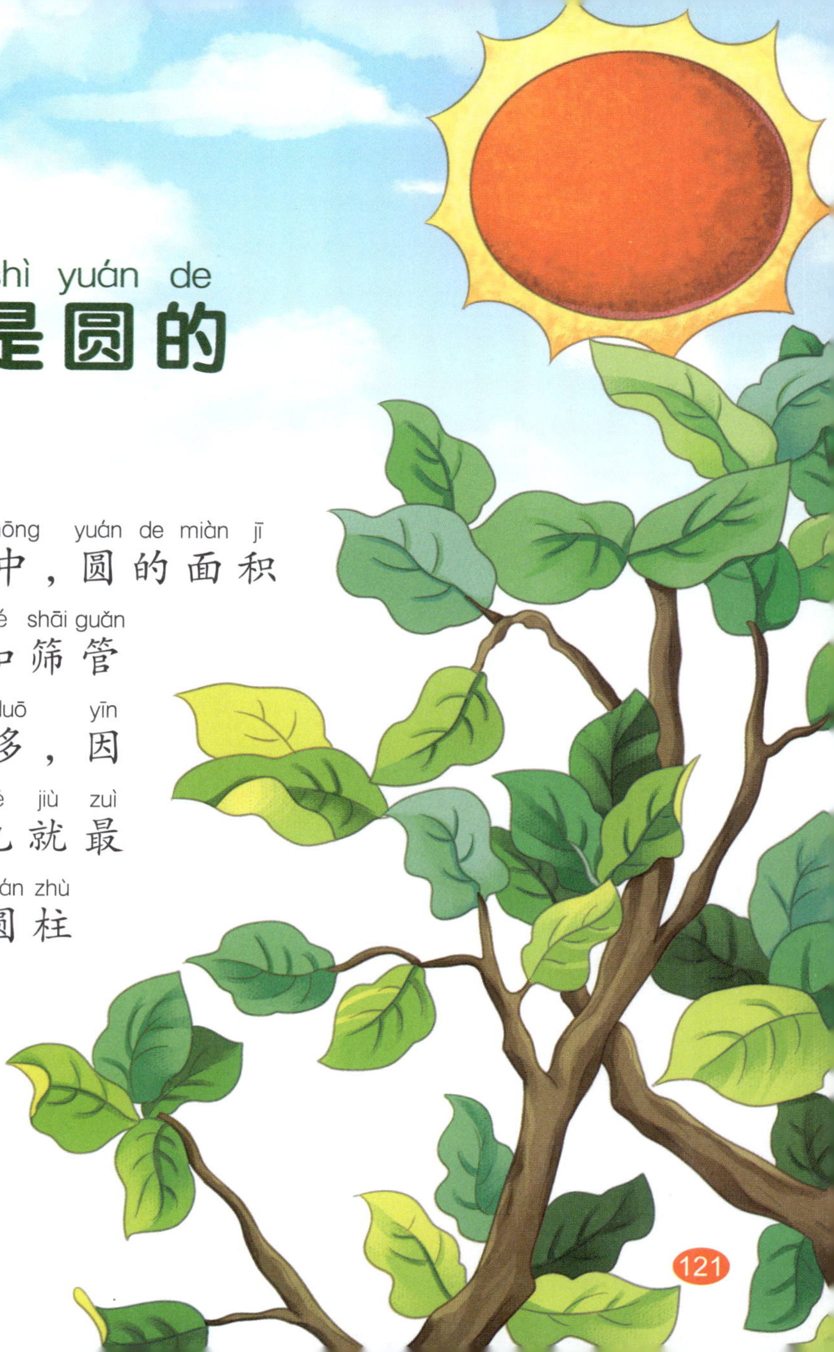

知识加油站

圆柱形具有最大的支撑力。高大树木的树冠重量全靠一根主干支撑，特别是硕果累累的果树，挂上成百上千的果实，须有强有力的树干支撑，才能维持生存。

de shù gàn néng zuì yǒu xiào de fáng zhǐ wài lái de shāng hài rú dòng
的树干，能最有效地防止外来的伤害，如动
wù yǎo shāng jī xiè jī sǔn kuángfēng chuī
物咬伤、机械击损、狂风吹
dǎ děng
打等。

yīn cǐ yuán zhù xíng shì shù mù
因此，圆柱形是树木
zuì lǐ xiǎng de xíngzhuàng yuán zhù xíng de
最理想的形状。圆柱形的
shù gàn shì shù mù cháng qī shì yìng zì rán huán jìng ér bú duàn jìn
树干，是树木长期适应自然环境而不断进
huà de jié guǒ
化的结果。

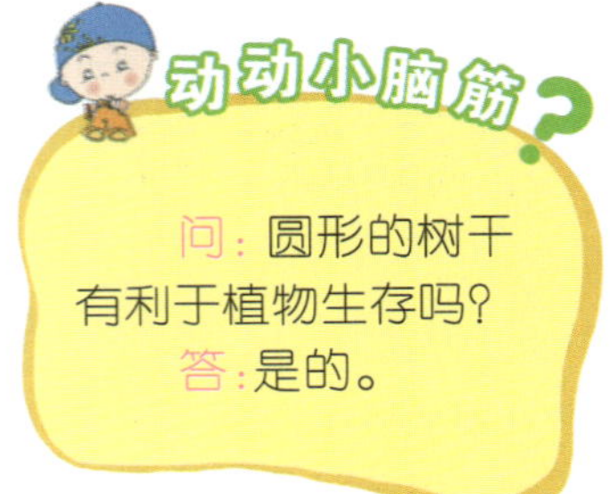

为什么空心的树还能活

人和动物如果没有肚子里的脏器，是无法存活的，但我们经常看到一些榆树、柳树已经烂空心了，还照样活，这是为什么呢？

大树虽然已经空心，但树皮、树根还是健康的。

树木的生存主要靠树皮中的上千个管儿来回上下往树冠、树枝、树干和树根输送养料，而不是靠树干的中心，所以，只要不把树皮中的筛管儿全部截断，大树仍然可以存活。

知识加油站

树干虽然空心，可是空心的只是木质部分，边材还是好的，养料运输并没有全部中断，因此，空心树仍照常生长发育。有的空心的树干可容一个人！

wèi shén me zhú zi de jīng shì kōng xīn de
为什么竹子的茎是空心的

zhú zi shì hé běn kē zhí wù， wú guǒ shù mù。 shù mù shì shí xīn de， ér zhú zi yǔ qí tā yì xiē zhí wù， rú shuǐ dào、xiǎo mài、lú wěi hé qín cài děng yí yàng， jīng de zhōng xīn shì kōng de。 zuì chū zhè xiē zhí wù yě hé bié de zhí wù yí yàng shì shí xīn de， dàn shì， hòu lái zài cháng qī de jìn huà guò chéng zhōng， tā men què chū xiàn le biàn huà， jīng jiàn jiàn biàn chéng kōng xīn de。

竹子是禾本科植物，无果树木。树木是实心的，而竹子与其他一些植物，如水稻、小麦、芦苇和芹菜等一样，茎的中心是空的。最初这些植物也和别的植物一样是实心的，但是，后来在长期的进化过程中，它们却出现了变化，茎渐渐变成空心的。

空心茎比实心茎更有利于它们的生存，拿竹子来说，它从小长到大，茎的粗细没怎么变化，但是到成熟后却长得特别高，最高的毛竹高达22米。古语说：“尧（高）尧者易折”，意思是说又细又高的物体容易折弯（或断）。按说竹子又细又高，很易折断，但是由于它的茎变成了空心，是一种“工”字形结构，能支撑较大的力量，使身体紧实挺立，不容易折断。

知识加油站

竹类大都喜欢温暖湿润的气候，对水分的要求高于对气温和土壤，既要有充足的水分，又要排水良好。

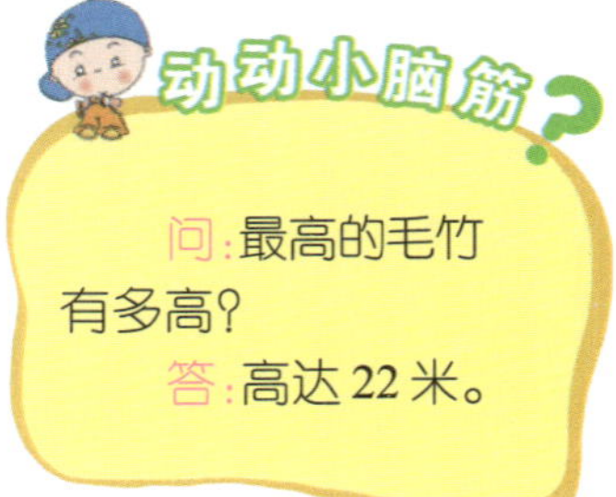

wèi shén me shuǐ dào jìn zài shuǐ li bú huì làn diào

为什么水稻浸在水里不会烂掉

zhè děi cóng shuǐ dào de lǎo zǔ zong tán qǐ shuǐ dào de lǎo jiā zài
这得从水稻的老祖宗谈起。水稻的老家在
nán fāng de qiǎn shuǐ li yīn wèi nà lǐ yòu wēn nuǎn yòu cháo shī suǒ yǐ rì
南方的浅水里，因为那里又温暖又潮湿，所以日
zi jiǔ le tā yǎng chéng le xǐ huan shuǐ de pí qì
子久了，它养成了喜欢水的脾气。

shuǐ dào de zuǐ ba jiù shì gēn hē le shuǐ
水稻的嘴巴就是根，喝了水，
huì cóng yè zi li fàng chū tā bú duàn hē shuǐ
会从叶子里放出。它不断喝水，
yě bú duàn fàng chū shēn tǐ li méi yǒu tài duō de shuǐ
也不断放出，身体里没有太多的水。

mài zi yě yào hē shuǐ kě shì tā yǔ shuǐ
麦子也要喝水，可是它与水
dào bù yí yàng shuǐ dào yǒu nài shuǐ de běn lǐng
稻不一样。水稻有耐水的本领。

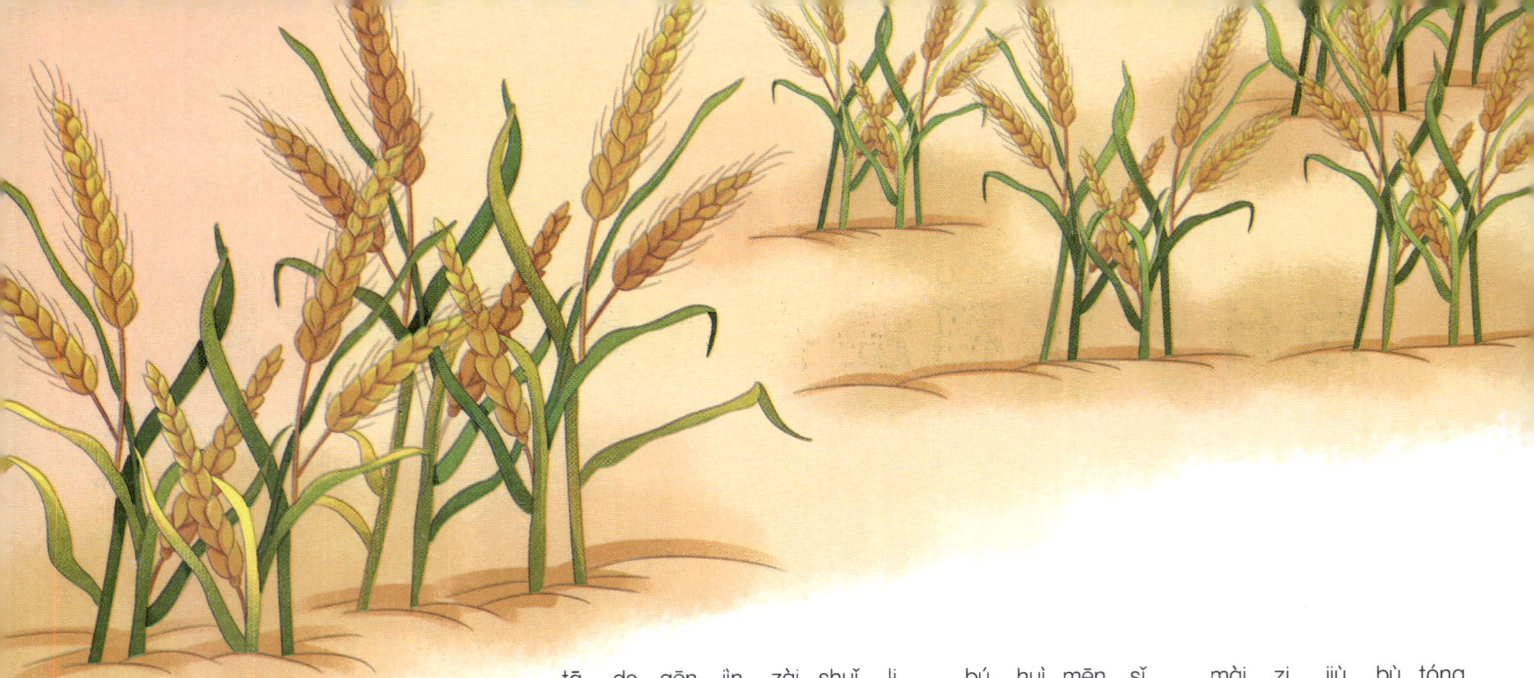

tā de gēn jìn zài shuǐ li bú huì mēn sǐ mài zi jiù bù tóng
它的根浸在水里，不会闷死。麦子就不同
le tián li shuǐ duō tā huì tòu bú guò qì lái shí jiān yì
了，田里水多，它会透不过气来，时间一
cháng gēn jiù huì fǔ làn ér shuǐ
长，根就会腐烂，而水
dào jiù bú huì làn diào
稻就不会烂掉。

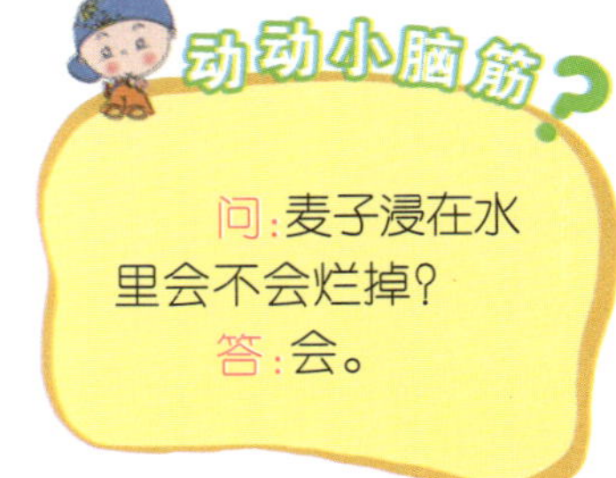

知识加油站

水稻原产亚洲，在中国广为栽种后，逐渐传播到世界各地。水稻可以分为籼稻和粳稻、早稻和中晚稻、糯稻和非糯稻。水稻所结稻粒去壳后称大米或米。

动动小脑筋？

问：麦子浸在水里会不会烂掉？
答：会。

gān zhe zuì tián shì nǎ tóu
甘蔗最甜是哪头

xiǎo péng yǒu nǐ kěn dìng chī guò gān zhe nà me nǐ zhī dào gān zhe shì gēn tián hái shi shāo tián gān zhe lǎo tóu tián yuè lǎo yuè xīn xiān zhè jù huà yǐ gào su nǐ gān zhe shàng bàn jié méi yǒu xià bàn jié tián

小朋友，你肯定吃过甘蔗，那么你知道甘蔗是根甜，还是梢甜？“甘蔗老头甜，越老越新鲜”，这句话已告诉你甘蔗上半截没有下半截甜。

qí shí yí qiè zhí wù

其实，一切植物

dōu yǒu zhè yàng de tè zhēng yǎng liào chú gōng zì shēn shēng zhǎng wài
都有这样的特征。养料除供自身生长外，
duō yú de jiù zhù cáng qǐ lái ér dà duō zhù cáng zài gēn bù
多余的就贮藏起来，而大多贮藏在根部，
qiě duō bàn shì táng hé diàn fěn gān zhe jīng gǎn zhì zào chéng de yǎng
且多半是糖和淀粉。甘蔗茎秆制造成的养
liào jué dà bù fen shì táng suǒ yǐ gēn bù táng fèn zuì duō
料绝大部分是糖，所以根部糖分最多。

甘蔗中含有丰富的糖分、水分，此外，还含有对人体新陈代谢非常有益的各种维生素、脂肪、蛋白质、有机酸、钙、铁等物质，可以提供人体所需的营养和热量。

cǐ wài yīn
此外，因
wèi gān zhe yè de zhēng téng zuò yòng xū yào dà liàng
为甘蔗叶的蒸腾作用，需要大量
shuǐ fèn suǒ yǐ yè zi
水分，所以叶子
hé shāo tóu zǒng yǒu chōng
和梢头总有充
fèn de shuǐ fèn ér gēn bù
分的水分，而根部
què shuǐ fèn hěn shǎo shāo tóu
却水分很少，梢头
de dà liàng shuǐ fèn chōng
的大量水分冲
dàn le táng fèn suǒ yǐ shāo tóu méi yǒu gēn bù tián
淡了糖分，所以梢头没有根部甜。

问：甘蔗哪一部分更甜?

答：下半截更甜。

wèi shén me guā guǒ chéng shú hòu cái hǎo chī
为什么瓜果成熟后才好吃

shàng wèi chéng shú de guā guǒ bù hǎo chī ， ròu zhì bù jǐn shēng
尚未成熟的瓜果不好吃，肉质不仅生
yìng ， ér qiě kǒu gǎn yě bù hǎo ， suān liū liū de ， yǒu de hái sè kǒu 。
硬，而且口感也不好，酸溜溜的，有的还涩口。

guā guǒ zài méi chéng shú de shí hou ， tǐ nèi yǒu yì zhǒng guǒ jiāo
瓜果在没成熟的时候，体内有一种果胶
zhì ， tā bǎ guǒ ròu xì bāo jǐn jǐn zhān zài yì qǐ ， yǒu jī suān hái shǐ
质，它把果肉细胞紧紧粘在一起，有机酸还使
méi chéng shú de guā guǒ yǒu suān wèi 。 zhǐ yǒu děng dào chéng shú hòu ， guǒ
没成熟的瓜果有酸味。只有等到成熟后，果
jiāo zhì cái huì biàn chéng kě róng xìng de guǒ jiāo 。 yǒu jī suān cái
胶质才会变成可溶性的果胶。有机酸才
néng zhuǎn huà chéng táng jí jié hé chéng
能转化成糖及结合成

其他各种没有酸味的物质。瓜果在成熟过程中，也会产生有香味的特殊物质，例如使香蕉具有香味的醋酸异戊酯、可以使柑橘有香味的柠檬醛。瓜果成熟后，颜色晶莹剔透，十分好看。假如把几个大红的优质苹果放在屋里，那一定满堂飘香，使人垂涎欲滴。

知识加油站

瓜果成熟后最明显的变化是由硬变软。瓜果在未成熟前细胞由果胶质牢牢地粘在一起，非常牢固，所以吃起来感到很硬。

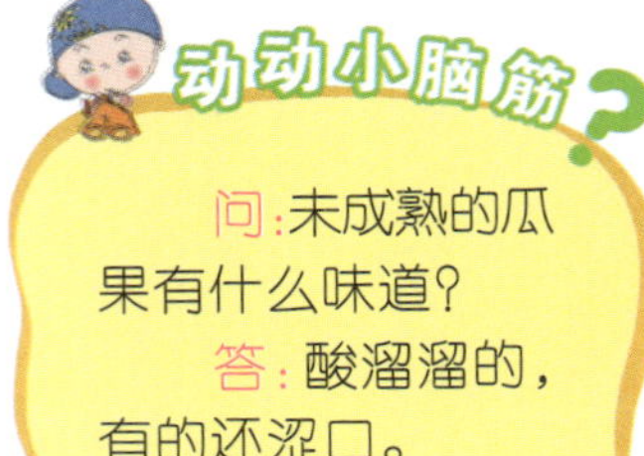

chī bō luó shí má zuǐ zěn me bàn
吃菠萝时麻嘴怎么办

bō luó wèi dào suān tián kě kǒu fēng wèi dú tè yì bān xiǎo péng yǒu dōu hěn xǐ huan chī
菠萝味道酸甜可口，风味独特，一般小朋友都很喜欢吃。

dàn shì nǐ kě néng yǐ jīng zhù yì dào le yǒu de bō luó hěn hǎo chī suān tián shì kǒu ér yǒu
但是你可能已经注意到了，有的菠萝很好吃，酸甜适口，而有

de què bǐ jiào suān shèn zhì chī dào zuǐ li
的却比较酸，甚至吃到嘴里
yǒu diǎn má de gǎn jué zhè shì wèi shén me ne
有点麻的感觉，这是为什么呢？

bō luó rú guǒ yǐ jīng chéng shú le guǒ ròu suǒ hán de
菠萝如果已经成熟了，果肉所含的
yǒu jī suān bǐ jiào shǎo xiāng bǐ
有机酸比较少，相比
zhī xià táng fèn jiù duō xiē suǒ
之下糖分就多些，所
yǐ hěn hǎo chī ér yǒu xiē shí
以很好吃。而有些时
hou guǒ nóng wèi le zài cháng tú yùn shū zhōng biàn yú bǎo cún zài bō
候，果农为了在长途运输中便于保存，在菠
luó hái méi yǒu chéng shú de shí hou jiù bǎ tā cǎi zhāi xià lái zhè
萝还没有成熟的时候就把它采摘下来。这

知识加油站

菠萝果顶有冠芽，性喜温暖。有的略呈倒圆锥型，成熟以后基本没涩味，水分充足。菠萝果形美观，汁多味甜，有特殊香味。

时候菠萝的果肉中含有机酸较多，糖分较少，吃起来当然酸味大于甜味。而在没成熟的菠萝中，还含有一种叫菠萝酸的物质，能分解蛋白质，对口腔黏膜和嘴唇表皮有刺激作用，会产生麻酥酥的感觉，很不舒服。

动动小脑筋

问：吃菠萝时为什么有时会麻嘴？

答：因为菠萝中有菠萝酸。

在吃这种菠萝前用盐水泡一下，盐分就能抑制菠萝酶的活动，就不会再麻嘴了，味道与成熟的菠萝一样可口。

zhǒng zi de lì qi yǒu duō dà
种子的力气有多大

zhǒng zi shì zhí wù yòng lái fán yǎn hòu dài de bié kàn xiǎo xiǎo de zhǒng zi
种子是植物用来繁衍后代的。别看小小的种子
bìng bù qǐ yǎn kě tā yǒu shí huì chǎnshēng xiǎngxiàng bú dào de shén qí lì liàng
并不起眼，可它有时会产生想象不到的神奇力量。

知识加油站

种子的大小、形状、颜色因种类不同而异。椰子的种子很大，油菜、芝麻的种子较小，而烟草、马齿苋、兰科植物的种子则更小。

zhǒng zi zài méng fā zhōng chōngmǎn zhe jù dà de huó lì
种子在萌发中，充满着巨大的活力。
tā bō sàn zài tián yě li yì jīng méng fā biàn pò tǔ ér chū
它播散在田野里，一经萌发，便破土而出，
wàn tóu cuán dòng lì liàng hěn dà tā jí shǐ diào luò zài xuán yá
万头攒动，力量很大。它即使掉落在悬崖
qiào bì shang yě néng pái chú chóng chóng zhàng ài ér qiú dé shēng cún
峭壁上，也能排除重重障碍而求得生存。
wèi le shè qǔ shuǐ fèn hé yǎng liào zhǒng zi zhǎng chū de gēn huò rào
为了摄取水分和养料，种子长出的根或绕
guò jiān yìng de yán shí huò shùn zhe shí fèng de zǒu shì huò duō xiàn chū jī
过坚硬的岩石或顺着石缝的走势或“多线出击”
ér xíng chéng páng dà de gēn xì zhào yàng zhǎng chéng cān tiān dà shù zhǒng zi
而形成庞大的根系，照样长成参天大树。种子

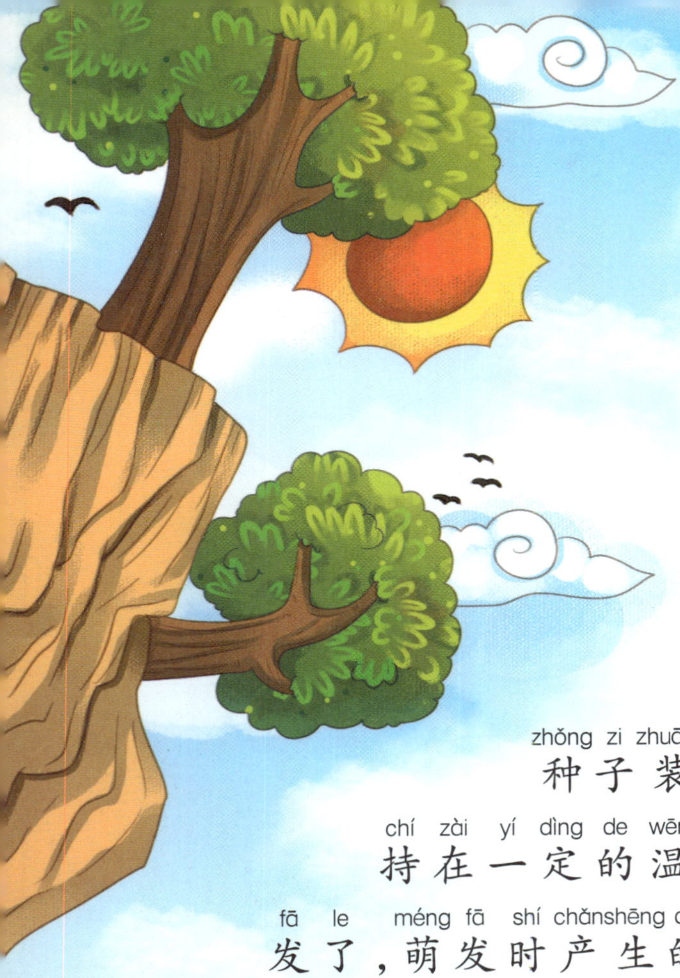

de zhè zhǒng zuān shí fèng kěn shí tou de
的这种钻石缝、啃石头的
jìn tóu xiǎn shì le zhǒng zi wán qiáng de shēng mìng
劲头，显示了种子顽强的生命
lì biǎo xiàn le zhǒng zi de dà lì shì de fēng cǎi
力，表现了种子的“大力士”的风采。

céng yǒu zhè yàng de shí lì yī xué jiā men wèi
曾有这样的实例：医学家们为
le yán jiū de xū yào shì tú bǎ yí gè tóu gǔ fēn
了研究的需要，试图把一个头骨分
kāi dāng tā men yòng dāo hé jù zi dōu méi fǎ jiāng tóu
开。当他们用刀和锯子都没法将头
gǔ fēn kāi de shí hou tā men jiù bǎ yì xiē zhí wù
骨分开的时候，他们就把一些植物
zhǒng zi zhuāng mǎn tóu gǔ rán hòu guàn shàng shì liàng de shuǐ bìng bǎo
种子装满头骨，然后灌上适量的水，并保
chí zài yí dìng de wēn dù xià zhǒng zi méng
持在一定的温度下。种子萌
fā le méng fā shí chǎn shēng de lì liàng jìng rán bǎ yí
发了，萌发时产生的力量竟然把一
gè wán hǎo de tóu gǔ fēn liè chéng le hǎo duō kuài dá dào le yī
个完好的头骨分裂成了好多块，达到了医
shēng men lǐ xiǎng de mù dì
生们理想的目的。